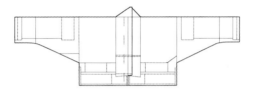

国家出版基金项目
NATIONAL PUBLICATION FOUNDATION

刘瑞璞
詹昕怡　著

# 苗族服饰结构研究

卜石题

东华大学出版社
·上海·

## 内容提要

本书系苗族服饰结构研究专著，以"张系藏本"的苗族各支系服饰实物为研究对象，通过系统的信息采集、测绘、结构图复原与整理，结合文献研究，首次完整客观地呈现了传统苗族服饰的结构谱系，文献价值可期。研究表明，其结构系统中整裁整用的"几何级数衰减算法"和"单位互补算法"的发现，充满了朴素而古老的苗族先人造物智慧和中华一体多元的文化特质。苗族服饰结构与纹饰系统的构成关系亦表现出古制而神秘的丰富面貌，本书略有探究。读者可借助阅读"图符的结构"序文作指引（序文是试图以"符号学"标准呈现的学术论文）。借鉴当今学者对苗衣纹饰系统研究的重要成果，通过苗衣结构系统的跟进研究，不仅发现"洛书河图"中华民族上古的巫术文化和近古苗族服饰承载的古老贯首衣形态是如何定格在氏族物质文化的，还给我们带来如何对待主流文化和非主流文化研究的深刻思考。

## 图书在版编目(CIP)数据

苗族服饰结构研究 / 刘瑞璞，詹昕怡著. —上海：
东华大学出版社，2020.12
ISBN 978-7-5669-1824-6

Ⅰ.①苗… Ⅱ.①刘… ②詹… Ⅲ.①苗族－民族
服饰－研究－中国　Ⅳ.①TS941.742.816

中国版本图书馆CIP数据核字（2020）第223415号

责任编辑　吴川灵　赵春园　冀宏丽
装帧设计　陈　楠　刘瑞璞　吴川灵
技术编辑　季丽华
封面题字　卜　石

# 苗族服饰结构研究
MIAOZU FUSHI JIEGOU YANJIU

刘瑞璞
　　　　著
詹昕怡

出　　　　版：东华大学出版社（上海市延安西路1882号，200051）
本 社 网 址：http://dhupress.dhu.edu.cn
天猫旗舰店：http://dhdx.tmall.com
营 销 中 心：021-62193056　62373056　62379558
电 子 邮 箱：805744969@qq.com
印　　　　刷：上海雅昌艺术印刷有限公司
开　　　本：889 mm×1194 mm　1／16
印　　　张：24
字　　　数：800千字
版　　　次：2020年12月第1版
印　　　次：2020年12月第1次
书　　　号：ISBN 978-7-5669-1824-6
定　　　价：588.00元

# 图符的结构（代序）

## 一

罗兰•巴特[1]在他的《符号帝国》[2]卷首有这样一段文字，"文体不是图像的'注解'，图像亦非文体的'图解'。对我来说，两者都不过是一种视觉上的不确定性的冲击而已，或许与禅宗称为悟的'意义的丢失'相类似。文体和图像交织在一起，试图使身体、面孔、书写这些施指符号得以循环互换；我们可以从中阅读到符号的撤退"。

"图符的结构"虽然与巴特的语境不同，前者是尽乎"巫"的逻辑，后者是一种伟大哲学家的悟道，但它们呈现的形式是一样的。"图符的结构"有两层意思：第一层意思，图形之所以成为符号，是因为它有一套完整的结构逻辑，且越古老这种逻辑越具强制性，凡纹皆有意，远古的意释巫，上古的意释神，中古的意释祖，近古的意释吉，总之是"悟的意义的丢失"；第二层意思，但凡古人的"结构"一定是符号化的，尽管它是从功用的动机而来，因为结构只有符号化才能进入"仪式"系统，同样越古老这套系统越具强制性，否则就不可能有"国之大事，维祀与戎"的上古国策，到了中古变成了"君君臣臣父父子子"的宗族结构（伦理），到了近古"格物致知"的复兴（科学意义的），人们开始思考探索物质结构的本源，总之是"符号的撤退"。那么，图符一定是遵循结构规律的，因为结构是构成符号仪规（巫的制度）的基础；结构一定是被符号化的，因为符号是结构从功用上升到仪式的必要形式，结构的稳定性也促进了符号化的形成。这是远古事项物质文化的重要特征，如新石器时代的陶器玉器文化、殷商时期的青铜文化等。苗族服饰也属于此类，它的图符系统不仅具有一整套结构规范，它的结构系统，与其说是基于"整裁整用"的节俭动机，不如说是在行祈神赐福的仪轨，尽管它来源于生存动机。

---

1 罗兰•巴特（Roland Barthes，1915-1980），20世纪60年代法国结构主义学派的符号学家，代表作有《符号学原理》《叙述结构分析导言》《S/Z》等。
2 《符号帝国》，是巴特根据自己访问日本时对日本日常生活的观感写成的，是一部比较学研究的符号学著作。"符号帝国"无疑是指日本文化或东方文化，通过与西方文化的比较带来了符号学的深入思考。

对苗族服饰标本的系统研究发现，它们普遍遵循基于节俭目的的"整裁整用"造物理念，创造了"几何级数衰减算法""单位互补算法"这种朴素而充满智慧的艺匠美学。"几何级数衰减算法"，是在一个整幅面料中，或用一个布幅，或用半个布幅，或用四分之一布幅……这种等比裁剪的衣片都呈矩形，用在适合人体的不同部位并将它们缝合起来，它最大的特点就是零消耗。显然这是从人类服饰之滥觞的贯首衣进化而来。"敬畏整物"与其说是对生存的需要，不如说是求得对通神之物的崇拜，它加入繁复的纹饰，成为用纹章写就族属历史的民族就有了根基[1]。因此贯首衣在苗族先民看来与其说是衣物，不如说是护身符，苗族就是将这种远古信息保存到今天的民族。单位互补算法按现在的说法，就是"智慧裁剪"。智慧在于无论如何裁剪，必须在一个单位布幅中完成裁剪（目的也是为了零消耗），因此根据衣服"可用"的需要，裁剪出的衣片总和，分解重构时必须实现"互补"，即在一个既定的布幅中，剪掉的部分刚好是某个部位需要增加的部分。这种重构裁片不可能完全适合人的个体需要（体型、劳作习惯等），但可以实现"物尽其用"。这种"人以物为尺度"而不是"物以人为尺度"的造物理念，与中原汉地天人合一的"俭以养德"传统思想不谋而合，可以说是中华天人合一传统哲学在苗族文化或苗汉文化交流中的生动实证。

## 二

苗族服饰整裁整用的造物理念创造出"几何级数衰减算法""单位互补算法"，是不是古法？或是偶然的巧合？这些问题先不作答。就学界的学术生态而言，"苗学"和"藏学"一样早已成为世界性研究领域，其中有两个关键条件或已经被学界确认的关键基础：遗存苗族文化的真实性和文化形态的足够古老。

这不禁让我们想起一个古老的成语"夜郎自大"，夜郎国（今苗族聚居的贵州西部）的国君问汉朝使臣，你们汉朝大还是我们夜郎国大？当然使臣

---

1 无论是国内还是国外，学界对苗族服饰研究的视角都落在对纹饰表象的释读，而疏于对其载体的结构研究，因此贯首衣、交襟衣这种古法结构中的纹饰研究更有价值。

心生鄙夷但又不敢直言，心想你区区夜郎国怎么能与我大汉帝国相比，简直是"夜郎自大"（《史记•西南夷列传》）。《史记》的这段记载，按逆推的逻辑，说明在汉代贵州就足够繁荣发达了，否则夜郎国君也不会妄自尊大，只不过天外有天而已。贵州省贵阳市古称"筑（zhú）"，明代先后为贵筑司、贵筑乡，清代为贵筑省。由此可见贵州从汉到清一直是西南最繁荣之地。从《史记》记载夜郎国君在汉代就可以妄自尊大，一定不是一夜之间形成的。在秦统一六国就成为三十六郡之一的西南郡，史料表明先秦就为苗汉文化交流奠定了基础，事实上这些信息就记录在苗族服饰的纹章结构系统之中。在学者阿城所著的《洛书河图•文明的造型探源》[1]（以下简称《洛书河图》）中就揭示了中原上古新石器玉、陶文明和商代的青铜文明与苗族服饰的纹章系统渊源的探索。虽然这些研究成果也自认为"专者得其专，深者得其深，浅者得其浅"，但他的研究方法来源于田野考察和私人收藏的实物标本，至少可以作为一手资料的首次发布，文献价值不可忽视，确有"用图像学的方法，捅破一层窗户纸，展现文明之源"（见《洛书河图》导读）的发现的激动。

先不说苗族服饰中各种匠饰采用多少种图形样式，记录了多少包括远古在内的古代信息，单就有关河图洛书图符[2]（阿城习惯用"符形"）就无所不在，当然多处在变异的状态，因此即使在主流的古文献中，河图洛书也是一种古老的传说。"越玉五重，陈宝，赤刀、大训、弘璧、琬琰在西序，大玉、夷玉、天球、河图在东序（《尚书•顾命》）。""昔人之受命者，龙龟假，河出图、雒出书，地出乘黄。今三祥未见有者（《管子•小匡》）。""今三祥未见有者"就给了春秋时期的学者们很多的猜想空间。从其中语境的逻辑判断，应该是对有记史文献之前的描述，不过还是可以从中找出些蛛丝马迹，如"……河图在东序""……龙龟假"[3]。只是这个猜想让秦统一六国实行的焚书坑儒而变得神秘，甚至成为雅士文隐的禁脔。秦以后就是在西汉罢黜百家

1 阿城：《洛书河图》，中华书局，2014。
2 图符，图形符号，是象形文字前出现的符号化的图形，大概在族群中约定俗成表达某些含意的图形组合，用于传达一个完整的意图或记录事项，发展到后期是字符，即文字符号，人类四大文明的象形文字都属此类。
3 龙龟假，今天通过考古发掘结合文献的研究认为河图就是后来的蛇纹、太极图到龙纹的始祖；洛书就是后来的龟甲方术（方位之术）到九宫八卦图的始祖。

独尊儒术的生态中也不见起色，直到宋朱理学的开创者朱熹要借助《周易本义》的勘释，宣示理学的道儒"正统"。朱熹让他善长图术的弟子蔡季通千辛万苦入蜀地终于搞到了河图洛书，在《周易本义》卷首就有了上千年来只有传说，从未见过的中华祖图和中华祖书。然而《周易本义•系辞传》的"河出图，洛出书，圣人则之"并没有跳出《管子•小匡》的"河出图，雒出书，地出乘黄"记述，而它对河图洛书这两件东西的释读却给了我们很大的操作空间，其中确认了对破解河图洛书的密码始终是学术界不能绕开的方位之术[1]，这算是个突破口，也成为通过象数之学解读《易》学的经典之术，即方数之学。那么朱熹在《周易本义》中是如何释读洛书河图的？洛书河图均由像围棋的黑白圆点（黑子和白子）组成，黑点代表地，白点代表天，根据方位和象数规律构成八方九位图即洛书和四方五位图即河图。

"天一，地二；天三，地四；天五，地六；天七，地八；天九，地十。"……"洛书盖取龟象，故其数戴九履一，左三右七，（右）二（左）四为肩，（右）六（左）八为足。"

我们发现每组数字代表天的都是奇数居下方，代表地的都是偶数居上方，这和我们今天延续秦汉以来理解的天（乾）在上地（坤）在下的周易卦位概念刚好相反，却与《老子》的"道生一，一生二，二生三，三生万物，万物负阴而抱阳，冲天以为和"相吻合。阴（地）位上而沉，阳（天）位下而升，才能和，这正是求意念方位而非物理方位的道家境界。孔子学《易》也悟此道，"我欲观殷道，是故之宋，而不足征也，吾得《坤乾》焉"（《礼记•礼运》）。讽刺的是崇尚周礼的孔子没想到，周灭殷正是因为乾坤颠倒[2]。由此可见，无论是道家学说还是儒家学说，从它们诞生之初就无法摆脱被异化的命运。朱熹创制理学是为表示正统求得《周易本义》而穷溯洛书本源确不乏千年之惑有解。如此洛书在《周易本义•系辞传》中的解释都好理

1 《中国方术正考》是北京大学李零教授于2006年由中华书局出版的专题研究著作，其中还有《中国方术续考》，这是当代学者对中国方术学的系统整理。
2 殷的卦序，坤、乾、兑、艮、离、坎、巽、震；周的卦序，乾、坤、震、巽、坎、离、艮、兑。秦汉以后基本是沿着周的卦序去解读易经的，到今天也是如此。

解，只有"天九，地十"不好理解，"地十"在洛书的黑白圆点组合中并不存在，但观察发现，上和下、左和右的白色圆点和两个对角的黑色圆点之和皆为十，那么为什么不用"天十"而用"地十"，显然是强调了"人和"[1]（偶数，这在河图方位和象数规律中同样出现了）。

再看看朱熹在《周易本义》中是如何解读河图的："天数五，地数五，五位相得而各有合。天数二十五，地数三十，凡天地之数五十有五，此所以成变化而行鬼神也。此河图之数也。"

对照河图四方五位图，"天数五"是指中央的五个白圆点释天圆；"地数五"实为其外方框上下两组五个黑圆点之和，因为地的组数皆为偶数，可以理解为洛书中的"地十"，因此"地数五"（地十）释地方。方框外的四方天地数组是严格按照与洛书相反排列，即天数在上地数在下，这样洛书河图才能和，当然天为奇数地为偶数是不能变的[2]。

因此释读洛书和河图的方位象数不能孤立分析，否则就无法破解洛书或河图中"万物负阴而抱阳，冲气以为和"的本义。例如河图中明明在说"地五[3]"而实际为"地十"，答案是在洛书中。洛书的象数方位排列是"地在上天在下"，按照常规的逻辑无法理解，如果对照河图"天在上地在下"的象数方位，噢！原来洛书表示阴（地），河图表示阳（天），洛书河图就是阴阳之和，这就不难理解，洛出书是说洛水或洛土出书，河出图是说黄河出图或天河出图，因此"洛书河图"是原生的，"河图洛书"是异化的。这个证据还是在洛书河图的方位象数中，《周易本义》释读的顺序是洛书在先河图在后，洛书的天数一十有五，地数为十，故天数为大，地数为小。河图"天数二十有五，地数三十"，故天数为小，地数为大。重要的是如果把洛书与河图的天数和地数相加也就得到了天五十地五十的"大圆满"，也就得到了我们今天看到的"天地自然河图"（元赵㧑谦在《六书本义》中命名的），即太极图。这个

1 阿城：《洛书河图》，中华书局，2014，图2八方九宫图。
2 阿城：《洛书河图》，中华书局，2014，图1四方五位图。
3 "地五"，一出现就要想到它不符合易经象数规则，即地皆用偶数，图像学就解决了这个问题，河图中是用在方术上下的两个"地五"表示地抱天阴抱阳的和，再对照洛书的表达却用"地十"，是因为组合的是偶数而必用"地十"。

"天地自然河图"实际上是朱熹叫蔡季通入蜀寻洛书河图之外的第三幅,因秘而未宣,使朱熹并未得见,故而从洛书河图到太极图衍变的中间链条也就被割断了,直到元朝袁桷的《易三图序》才被披露出来。从图形观察,它和今天看到的太极图没有什么两样,呈现天(乾)在上地(坤)在下的形制,或许是延续秦汉以来的被异化了的太极图。按照阿城的考证,"天地自然河图"是蔡季通入蜀从彝族那里抄来的。一个证据是"彝族早在西汉以前就有着高度发达的易学"。《宋史》记载"郭曩氏者,世家南平,始祖在汉为严君平之师,世传《易》学,盖象数之学也"。王应麟在《困学纪闻》中说"谯天授之学,得于蜀曩氏夷(彝)族"。可见郭曩氏是彝族易学大家。另一个证据就是在贵州民间发现古代手绘的洛书河图,且和朱熹《周易本义》注录的完全相同。更值得研究的是彝族传统的"太极图""原本只是一条盘旋的龙蛇",属阳在下,阴在上。原来这才是主流太极图的原生面貌[1],而且是在彝人那里保存着,并充斥在彝人的服饰中。那它和苗衣有什么关系,彝苗同源理论或许本研究正是一个有力的证据。

三

因为证据不足,洛书河图这个公案始终未得破解,直到1985年对安徽省含山县铜闸镇凌家滩新石器时代遗址的发掘才有了转机,前后进行了三次发掘,在1987年出土了玉龟,仅这三次发掘报告就震惊了学界。《竹书纪年》沈约注"天兴禹洛出书,神龟负文而出,列于背,有数至于九,禹遂因而第之以成九类常道"的夏禹时,洛河灵龟驮"洛书"献大禹的传说终看到实物了。如果没有实物,古文献记载中的传说,无论如何也不可能得到如此真实和完整的信息,更不能想像苗衣中八角纹图符怎么与此有着千丝万缕的联系。

玉龟是个构成系统,出土时上边是背甲下边是腹甲缀合在一起,中间还有一块玉版夹在其中。这与"神龟负文而出,列于背"的灵龟驮洛书献大禹的传说并不完全相符,因为实物样本的洛书信息并不在背甲上,而是在玉版

1 阿城:《洛书河图》,中华书局,2014,图3—图6。

中。这不重要，重要的是玉版中刻纹的图符与传世的洛书方位象数是否吻合。香港国学家饶宗颐先生的《未有文字以前表示"方位"与"数理关系"的玉版——含山出土玉版小论》、北京大学李零教授的《中国方术正考》和中国社会科学院考古研究所研究员冯时先生的《中国天文考古学》研究证实了玉版中的图符就是洛书的"八方九位图"，即我们今天耳熟能详的"九宫八卦图"，其中八角纹就是汉苗共用的古老神秘图符，只是被苗衣抽象出的族属徽帜[1]保存至今，而在汉地早已在历史的进程中变得面目全非。八角纹图符在西南纹饰系统中并不陌生，它不仅在苗族服饰中普遍存在，事实上也在包括彝族、瑶族、壮族等整个西南少数民族服饰中都以标准化或异化的方式存在着，甚至在藏族古老的纹饰系统中，"九宫图"成为教俗图术的规范格律之一，如唐卡、五色风马旗、宇宙轮回图、改巴（阿里妇女披单）、八角嘎乌（妇女的胸饰），还有美龙（腰饰）译为汉语就是九宫八卦腰牌。值得研究的是在史前考古发掘中八角纹彩陶也成为新石器代表类型之一，如大汶口文化的八角纹彩陶盆（南京博物院藏），由于它光芒四射的图形也被多数学者解读为太阳崇拜，这是个典型"用现代人思维解释古人事项，解读得越彻底就越不可靠"的案例，因为它缺少物证。

玉版中心圆为八角纹就是洛书中央"天五"象数衍变的"九宫"，应天圆。外套大圆并在大小圆之间有八个箭头纹就是洛书的八个方位。这就构成了"八方九宫图"的结构。在大圆圈和长方形玉版之间四个角均有四个箭头纹是由"地四"象数衍变而来，应地方，原因是左右分别是"地五"，它来源于河图"四方五位图"的两个"地五"，所以洛书"八方九宫图"称"地十"（两个"地五"之和）。释读玉版应该竖着观察，右长边为"天九"，左长边为"地四"，结合上下"地五"刚好就是河图的象数方位。由此可见玉版是洛书河图的集合体，这样的结论也在玉龟的结构系统中得到证实：背甲在上当然代表天，腹甲在下代表地，承载洛书河图的玉版夹在中间，那么怎么使阴阳"冲气以为和"？这就有了代表天的背甲出现了"地六"的象数，代表地的腹甲出

1 阿城：《洛书河图》，中华书局，2014，图17-图19。

现了"天五"的象数，这就是阴位上而沉，阳位下而升，才能和[1]。玉龟的发现和释读，或许就是朱熹《周易本义》没有解开，从洛书河图到八卦太极图衍变的那个中间的链条。

凌家滩新石器时代玉版的洛书河图信息通过冯时先生在《中国天文考古学》中对八角纹图符的推演结果，在学术界石破天惊。中国古老方数学，是从最基本的方数逐渐演进到"大复杂"（最高端的腕表结构），玉版八角纹图符就是方数学最具标志性案例之一：最初是东西南北中的十字形方位图，由此产生"二绳"奇数和"四维"偶数的两个十字形方位图，并对应农时二十四节气的八个关键节气，这或许就是农耕文明对农作指引的标记。二绳和四维以一个同心交错便形成"交午"，交午便有了洛书河图的所有信息。它通过两个轨道实现：一个轨道就衍生出八角纹，就是巴特世界里的"图像"，如果没有这个推演的过程，一定会出现"太阳崇拜"的误读；另一个轨道就衍生出从一到九的方位图，注意这个方位图正好就是洛书的"八方九宫图"，值得研究的是，其中的方位和象数不是随机的，而是严格计算的，它的玄机在于，无论是横列、竖列还是对角列的象数之和都是十五，"15"本身可能没有意义，有意义的是它们都得到了十五的"和"，它意味着圆满[2]，如果赋于基本的八卦象，就是我们今天看到的"九宫八卦图"了[3]。这或许就是巴特世界里的"文体"，至此我们似乎才理解了"文体不是图像的'注解'，图像亦非文体的'图解'"。它们本来是一种东西，只是在不同的"历史地理"中消长，其实今人更熟悉的是八卦太极图，事实上，它还有一种像"八角纹"一样，我们完全陌生而古老的龙蛇图，但它在汉文化中早已异化成太极图了，却在今天苗族服饰中保留着，在彝族服饰中保留着，在西南民族服饰中保留着……它有多么古老，无论如何想像都不过分，因为这些图符不仅是原生的抽象的那一部分，而且它们只生长在像苗族牯藏衣这种古老巫文化的贯首衣中。

1　见阿城《洛书河图》图7、8、9的玉龟构成系统，结合图1四方五位图和图2八方九宫图的方位象数规律，就会破解洛书河图的谜题。
2　藏族喜用的三阶纵横图即九宫八卦图，就是从一到九的方数图，其中正是道家的"和"与佛的"圆满"契合的结果。
3　阿城《洛书河图》图12洛书符形推演图。

# 四

　　洛书河图以标准化或异化的图案形式在苗衣，或在西南少数民族服饰中存在着，抽象为洛书的八角纹，在苗族的背儿带中为核心纹饰，在广西瑶族服饰中也有发现，或成西南民族图符的典型范示。从这些图形观察有几个特点：一为典型的洛书八角纹，几乎与凌家滩出土玉版中的八角纹如出一辙；二是纹饰分布除了背部中央的核心位置，似乎再现了"洛河灵龟驮洛书献大禹"的传说，同时除了背部还在他们认为的关键部位也有分布，如在苗人看来第二重要的肩袖连接处，故在此袖饰的绣片是不可或缺的，重要的纹饰也一定在其中；三是有关洛书河图的八角纹图符一定出现在古老的贯首衣系统（贯首衣结构后边需要专题讨论）的服饰类型中[1]。八角纹及其附属纹样充满强烈的装饰性，让我们丧失了几乎所有的判断力，现在看来通过洛书河图方位象数结构的释读似乎有了对"装饰"的免疫力，这就是为什么前边如此用力地去解读洛书河图的演进脉络了。这并不是说苗衣图符中只有这两件东西，是说通过这两件东西的解读，提醒我们对其中的任何一种图形符号，特别是被证实是古法的，就像解读洛书河图的图符一样去解读它们是如何"纹必有意"的。同时异化的洛书八角纹就更无处不在了，如本书第四章标本信息图录中施洞对襟衣标本A、B、C、D右襟凸出的部分有一组独立的长方形适合纹样，其中都是由异化的三个八角纹构成。第五章标本信息图录中舟溪对襟衣标本上衣的袖饰和围腰饰中的主纹和附属纹可以说都是八角纹异化的结果，也就是说有可能承载着古老洛书的信息。丹都左衽大襟衣标本，可以说是孔子描述南蛮"披发左衽"的活化石，它背饰用蜡染工艺呈现的古老"窝妥"星象图中心也是八角纹的变体，这在都匀对襟衣标本A、B中几乎都变成了几何纹，值得注意的是，在标本B胸前有个精心安排的像茶碗口大小的菱形银盘扣，它的扣合结构和天圆地方的纹饰可以说是苗族版的凌家滩玉龟。这一章收录的雅灰百鸟衣标本就是苗族神秘的牯藏衣，实为牛祭的鬼神衣。阿城认为，洛书河图符形在苗衣纹饰中通常是集合呈现的。通过标本整理发现，鬼神衣更加突出，且洛书河图集合成的

---

1 阿城在《洛书河图》中收录了苗族、瑶族等西南少数民族具有代表性的古制服饰和众多的绣片，无疑确有洛书方数学的基因，如图16、17、18和图60，且贯首衣是它们的必要载体。

纹饰都呈现"背奢腹寡"的特点，可见牯藏衣标本纹饰前河图(圆形纹）洛书（方形纹）分制而疏布，后河图洛书集合成天圆地方的方形套菱形（寓八角方位）的满绣，即合制而密布，并在后袖饰中重复着，显然这种背奢腹寡的图符结构便于通天神，应验着朱熹《周易本义》"……凡天地之数五十有五，此所以成变化而行鬼神也"。这又是一个苗族版的凌家滩玉龟，这种情形也在侗族从江百鸟衣标本中出现了，可以说它是侗族的牯藏衣，即鬼神衣，只是洛书河图符形集合的方式不同，为河图（圆形纹）在上，洛书（方形纹）在下，不变的是它们都"背奢腹寡"，这很重要，背部的信息要足够多（满绣）和灵验（洛书河图成族属的图腾）才能有效地"通神"。这在第六章标本信息图录的平塘贯首衣、苗族道衣（鬼衣）、彝族贯首衣和第七章标本信息图录的安顺黑石头寨对襟衣中都有同样的表现，而黑石头寨对襟衣中的星象图符更像凌家滩玉版的方位象数结构，谜团未解，值得深入研究，但可以肯定的是"通神"的意味明显。这就有了文化差异现象的"历史地理"概念：凡纹皆有意，远古的意释巫，上古的意释神，中古的意释祖，近古的意释吉，我们见到的苗族服饰多属近古无疑，而其纹意释神也无疑，这就是"历史地理"文化现象的魅力，它是被定格在上古而保留到今天的，因为他们生存在足以可能长期避世的环境。再看看河图在苗衣中是怎么表现的。

根据河图四方八位象数的推演，形成了九宫八卦图，最后抽象出我们熟悉的阴阳太极图。事实上河图推演的结果只是一个蛇纹，或者早期华夏的龙纹更接近蛇纹，因此在彝族的传统图案中就有了蛇纹太极图，而且代表天，因为白纹上有"眼"（黑圆点），而黑纹没有"眼"表示背纹，当代表地的"洛书"的加入，在黑色的背纹上添加了"眼"（白圆点），也就形成了太极图，因此传说中的"龙图龟书"（《竹书纪年》）就是太极图的前身。显然，彝族传统图案中保留的蛇纹太极图比汉地的龙纹太极图更具原生态。苗彝同源，或他们只是西南氏族部落联盟的不同，蛇纹太极图也被苗族继承下来。古苗人是鸟图腾的民族，蛇又可解释为鸟，这个传统甚至可以追溯到汉苗归一的远古，这不仅在大量的石器时代、青铜时代的考古发掘中得到证实，就是在古籍中也有过生动的记述。《论语》就说"凤鸟不至，河不出图"。《竹书纪年》轩辕"五十年秋七月庚申，凤鸟至，帝祭于洛水"。沈约注"龙图出河，龟书出洛"。由此可见，鸟图腾在中华文化中要远早于龙图腾，这或许就是从母系到父系演化的痕迹，也就有了后来的龙章凤舞。和汉文化不同的是，苗人把鸟文化发扬光大了，或被定格了，成为族属的徽帜，但龙的基因并未消失而隐藏其中。近古汉苗文化的融合，养蚕业的繁荣使苗族社会得到这种神赐的精致，这种鸟纹又赋予了蚕的形象。因此这种卷曲的图形，苗学界就有了鸟纹、龙纹、蚕纹，甚至鸟龙纹、鸟蚕纹的各种观点，事实上是它们的集合体更符合"历史地理"学的逻辑，河图正是这种意念的滥觞。最能触动这种感受的就是苗族贯首衣袖饰的图符。

第四章黔东南清水江型交襟衣是苗族服饰文化最具标志的类型，在此章收录的标本信息图录中，卷曲的河图组合纹袖饰几乎成为苗族"图符结构"的范示，它的基本特征是袖饰形制的前后"跨越式分布"和卷曲的河图纹与天祭的洛书纹构成纹饰主体，它的系统结构很像凌家滩的玉龟。首先绣片纹饰以袖中线为座标前后跨越式分布，在巫教文化统治的氏族部落社会，"跨越式分布"的"图腾结构"非常重要，因为他们相信只有这样对于沟通神界和凡界才灵验，良渚反山出土著名的玉琮王神徽如此，殷商鼎盛期青铜文化的主体纹饰也是如此。这种袖饰形制不仅在各支系的苗族服饰中保持着，也在其他民族中存在着，可以说它是西南民族服饰的文化符号[1]。它的衍生形制，神衣呈"背奢腹寡"（包括后袖奢前袖寡）如牯藏衣、道衣、祖衣(平塘贯首衣)等。其次，袖饰的纹样系统，卷曲的河图纹和天祭的洛书纹是必备的图素。它们的组合结构，卷曲的河图纹似龙、似鸟、似蚕，或称龙蚕纹，或称鸟蚕纹，对称分布在天祭洛书纹的两侧。天祭洛书纹居袖中轴线，为什么称天祭洛书纹，按阿城的解读，它有良渚玉琮神徽的基因：是作天极（天极皇）祭祀的图符，中间的人形纹为天极神，上方是头戴的羽冠为通神的天盖，下方是天极神骑着的神龟，这自然会联想到"洛河神龟驮洛书献大禹"的传说和凌家滩出土玉龟中玉版的八角洛书纹，要知道凌家滩的玉龟和良渚的玉琮在时间点上只是前后脚。这

---

1 袖饰"跨越式分布"在第五章标本信息图录的舟溪对襟衣、丹都左衽大襟衣、都匀对襟衣，第六章标本信息图录的彝族贯首衣，第七章的安顺黑石头寨对襟衣等都很典型，只是在纹饰的表现中被异化了。

样的情形无论相信还是不相信，确在苗族的袖饰中发生着，天祭洛书纹就像凌家滩玉龟的组合结构和玉琮神徽人和龟的集合体，中间一定是有个人形纹的，上方羽冠天盖变得很大（后苗衣演变成蝴蝶纹），下方为龟纹或龟的组合纹，整个图组又被两边卷曲的鸟蚕纹（河图纹）簇拥着（见第四章雷山对襟衣标本A）。关于袖饰中卷曲河图纹与天盖、神人和龟的组图，阿城在《洛书河图》中提供了更多而确凿的证据[1]。同时它们又以异化的形式分解着或重组着，如雷山对襟衣标本C袖饰的主体纹变成了卷曲河图纹，而天祭洛书纹被分离出去放在前左下摆和后下摆呈"U"形分布。后来独立的卷曲河图纹被普遍使用，或许是这种巫文化的逐渐消弱，加上这种袖饰的绣工成本太高的原因，这也为我们对苗衣的断代提供了重要依据[2]。

## 五

至此，了解了考察远古物质文化"文体和图像交织在一起"的事项有多么重要。回到苗衣的结构本身上来，是不是它的图像文明也如此的发达呢？我们只有对它作怎样深入的研究都不过分的时候，才可能有这样的感受："苗族刺绣图形，它同时保留着河图与洛书，而我在已知的青铜器的纹样里，只找到河图图形，很难找到洛书符形。这是不是说，苗族的图形承接，早于商，来自新石器时代？……这意味着苗族对上古符形的保存，超乎想象地顽强？自称传承中华文明的汉族，反而迷失了，异化了，尤其于今为烈?苗族文化是罕见的活化石[3]。"

阿城的这段文字有三个设问，实为是一种肯定的语境，只是在提醒人们关注和思考。再看接下来的这段文字，"……也不免含有这样的猜测。从图案的造型结构来看，一是文化内涵太丰富，二是已经超过二方连续、四方连续（本书注：现代意义上的图形结构）的图形构造。它们绝不是民间艺术，而是高度文明的结果。尤其是从苗族等少数民族现在的生存环境来看，资源

---

1 阿城：《洛书河图》，中华书局，2014，图111-119。
2 第四章标本信息图录，根据系统的标本梳理，基本上可以判断，早期的苗衣袖饰的卷曲河图纹和天祭洛书纹的满纹绣片具有代表性，后期近古苗地实行"改土归流"政策以卷曲河图纹为主，这与汉俗尚龙有关。
3 阿城：《洛书河图》，中华书局，2014，第57页。

和生产力与文明程度不符。单由图案的文明程度来看，它们是由一个强大的多数民族创造出来的，这与良渚文化的根源应该是同等的[1]。"

事实上，人类学研究告诉我们，人类文明，特别是远古文明，更多的不是传承，而是认知。中华远古的物质文化被大量发现和系统研究，文明起源的一点论慢慢倾向于多点论了。就像埃及文明、两河文明、印度文明和中华文明都发明了象形文字，它们虽有发生的先后，但它们都不是传承关系，是"认知"问题。然而这不影响它们产生"高度文明"，因为它们笃信巫术，这就是"资源和生产力与文明程度不符"的原因，或者是这种"高度文明"和极度的资源匮乏与生产力低下形成了互补。这一点苗族文化与良渚文化没有什么不同，只是良渚文化是被物理定格的，苗族文化是被人为定格的。苗族古老的文学《古歌》也在述说着这样的故事：苗族祖先由蚩尤部落联盟，世居东南，蚩尤与黄帝之战被打败，最终转移到西南，贵州成为核心之地，这个地方"天无三日晴，山无三尺平"，因此与其说是转移不如说是隐居避世，也就为我们保留下来了这种"高度文明"。那么它的载体也一定是那个时代的"资源和生产力"，古老的贯首衣就是生动的实证。贯首衣已被人类学证实，无论是哪种文明（以四大文明标志），它就像象形文字一样，都是人类初期服装的基本结构形态，所谓中华民族文脉没有断裂，就像汉字从甲骨文到篆、隶、真、草无论发生怎么样的变化，"象形"的基因都没有改变一样，以这个指标来看，世界上任何一个文明都发生了断裂或变异。中华民族服饰也一样，也是从人类服饰的滥觞贯首衣出发，虽经历了深衣制、上衣下裳制、对襟、大襟、左衽、右衽的变化，但贯首衣的"十字型平面结构"没有改变，也就形成了中华民族服饰结构系统。为什么苗族服饰被锁定在上古，除了它的纹饰系统外，还有一个被学界忽视的证据，就是这些纹饰系统一定是以贯首衣结构系统的服饰承载着，对襟衣、交襟衣、牯藏衣，还包括背儿带、神衣、道衣都属此类。值得研究的是，除了具有祭祀功能的贯首衣系统，丰富的纹饰按照既定的仪轨在贯首衣中经营位置，而只适用于妇女，且有婚姻状况的明示，如"亮衣""暗衣"等，

1 阿城：《洛书河图》，中华书局，2014，第167页。

这或许可以解释清嘉庆陈浩所作著名的《八十二种苗图并说》，是八十二个母系氏族，提供了从贯首衣到合襟衣（交襟衣）的演变、女盛装必用贯首衣的实证。其中提到了一个古苗瑶"狗耳龙家"，改土归流后摆脱了彝族土司统治，回归了苗族传统，这在乾隆《贵州通志》记载的"穿斑衣""以五色药珠为饰"的记载结合标本贯首衣的结构与纹饰系统的研究，这便是定格母系氏族文化得到的相互印证。在现实苗族传统中，家中的女主人，最终要穿最精美的盛装入土见祖宗是苗族人的习俗（见后记）也得到证实。研究发现，这种"高度文明"的图案都无一例外地发生在贯首衣身上，或贯首衣衍生的对襟衣身上，交襟衣、牯藏衣都属此类，而不会发生在近古苗地实行"改土归流"（改土司管理为汉地流官的管理）的汉化服饰上（见第三章汉化的松桃右衽大襟衣）。表面上华丽的纹饰和朴素的衣服形成很大的反差，正因如此才是解决资源匮乏和生产力低下的良方，因此由贯首衣生发整裁整用的"单位互补算法""几何级数衰减算法"，其结果就是零消耗，正是最有效的利用资源的方法。但这不意味着它们没有精神追求，这就是"物神赐要善用善割，分割时要回整"的长期实践所总结出来的造物智慧，这是典型洛书河图"万物负阴而抱阳，冲气以和"的天人合一中华古老的物质精华而定格在充满氏族文化的苗衣身上了。倒是"自称传承中华文明的汉族，反而迷失了，异化了，尤其于今为烈"，这是需要我们去认真思考的。

2020年1月25日（春节）至2月8日（元宵节）于北京洋房

因为新型冠状病毒疫情爆发，国家号召个人尽量在家自我隔离，这就有了时间打磨这篇序。有机会把阅读阿城《洛书河图》苗绣文化的心得整理一下，恰好也弥补了本应该有的苗衣结构与纹饰关系的思考，特别是可以上升到符号学的思考，故取了序名"图符的结构"。

# 目录

3

# 第一章

# 绪　论

# 一、一个用服饰写就历史的民族

　　苗族是一个人口众多的世界性民族，在中华民族大家庭中，表现为在世界范围内是分散最多的民族之一，这与苗族善于迁徙的民族特性有很大关系，也就呈现出融合性的文化特质。苗族先民在先秦时期就生活在长江中游地区，其历史可上溯至尧、舜、禹时代。苗族先后经历了五次大规模的迁徙[1]，大约于汉唐时期形成了今天苗族与其他民族大杂居、小聚居的格局，在战争与迁徙过程中，把山川、河流、鸟兽和城墙用针记录线缀绣片成衣穿在身上，并世代传承至今。苗族的历史可谓是穿在身上的历史，服饰则是苗族的史书。在中国版图中苗族主要分布在贵州省、湖南省、湖北省、四川省、重庆市、海南省、云南省、广西壮族自治区等地，海外地区主要分布在越南、老挝、泰国、缅甸、柬埔寨、美国、法国、德国等国家。中国是苗族的发源地，也是苗族人口最多的国家。据统计，全球苗族人口约1300万，中国苗族人口约942万（据2010年第六次全国人口普查数据），占比约72%。我国苗族人口是继壮族、满族、回族之后位列少数民族人口第四位。贵州常住人口3474.86万，苗族人口约429.99万。苗族是贵州少数民族人口最多的民族，占贵州人口总数的12.4%（汉族居首位），占全国苗族人口的45.6%。中国有一半苗族居住在贵州，所以贵州是中国苗族的大本营，享有"中国苗疆"之美称。

　　在中华民族服饰谱系中，作为苗族服饰的物质文化，贵州堪称"苗族服饰博物馆"，是我国乃至世界上苗族服饰种类最多、保存最完整的文化区域。地处中国西南腹地，地势西高东低，素有"八山一水一分田"之说，加上贵州气候"一山分四季，十里不同天"的自然环境，造就了苗族服饰"十里不同风，百里不同俗"的纷繁绚烂、蔚为大观的文化特质，单就妇女服饰形制明确记载的就有173种[2]，也是苗族支系众多的可靠物证。苗族虽支系众多，却是一

---

1 第一次大迁徙，是苗族先民发源地今四川的雅磐江、岷江、巴江、嘉陵江四水的上中流域地带，沿长江向东迁徙到长江中游的南北两岸，南岸的达到洞庭、彭蠡之间定居下来，北岸的达到江汉平原。这是苗族首次由西向东的大迁徙，大迁徙的原因是远古羌人南下（原始初民社会）。第二次大迁徙，蚩尤战败涿鹿之野，这次由南向北的迁徙，时间约在4300—4600年之前（远古到黄帝）。第三次大迁徙，蚩尤战败后，在江南的洞庭、彭蠡之间，建立起三苗部落联盟。这是由北向南的迁徙，迁移至江汉平原时间约4100—4200年之前（黄帝到唐尧时期）。第四次大迁徙，苗族先人在洞庭、彭蠡之间建立起三苗部落联盟。后又因战争等原因，逐渐向南、向西大迁徙，进入西南山区和云贵高原。时间大约在4100年之前（虞舜到夏禹时期）。第五次大迁徙，这次迁徙是分途回归。自明、清以后，有一部分苗族移居东南亚各国，近代又从这些地方远徙欧美（引自《世界苗族迁徙史》）。
2 吴仕忠在《中国苗族服饰图志》中展示173种苗族服饰，也视为苗族服饰173式。

个只有语言没有文字的民族。古老的服饰银装锦绣，服装的缘饰刺绣精美，首饰华奢，记录着氏族和主人一生的信息。他们把精神情感及生活环境在服饰上不断积累扩充，传达着纪念祖先、记述历史、争战功绩、婚姻状况等情况，形成属于自己民族独特的象征符号，穿在身上犹如承载着一部氏族的无字史书，展示了超越文字的史料价值。然而，它与官方的行政区划分不同。明成祖永乐十一年（公元1413年），建立贵州布政使司，贵州正式成为中国的行省[1]。客观上，千百年来，贵州苗族长时间与汉族、布依族、侗族、土家族、水族等其他民族混杂而居，在服饰上呈现出多民族交融的面貌，也正是这样特殊的地理环境、宗教信仰和社会形态之下孕育了苗族多支系多风格的服饰面貌。同时，在服装结构上由于它的支系整备流传有序[2]，隐含着一个成系统的中华服饰文化基因："十字型平面结构"，唯此是从苗族服饰贯首衣、斜襟左衽衣、交襟右衽衣（或左衽衣）到汉式苗衣的结构研究中才可以整理出来[3]，就是汉族服饰也无法呈现"流传有序"的完整结构面貌，因为无法获得远古汉族贯首衣的样本也就无法揭开它的结构之谜。因此苗族服饰结构就像中国的汉字一样，成为古老的中华民族服饰文化的活化石。苗族妇女通过手中的针线把对生活的寄托与愿景倾注在服饰的每个细节中，每一件服饰都是中华服饰的一朵奇葩。然而现实让我们对它的研究变得越来越困难，特别是它的结构的改变。这就促使我们遵循谨慎使用现代苗族服饰实物作为研究对象的原则：一个重要方法就是可靠传统标本与现代实物结构比较以可靠传统标本为准的研究方法，避免被现代繁华旅游的苗节盛景所蒙蔽（图1-1）。

---

1 罗连祥：《贵州苗族礼仪文化研究》，中国书籍出版社，2014，第1-2页。
2 支系整备流传有序，苗族服饰在中华民族服饰当代的保存状态是很完备的，仅次于藏族服饰的保存状态。
3 苗族服饰的支系整备流传有序并不是表现在它外在装饰要素上，而是隐藏在它的结构中，这是因为结构要素相对于外在的装饰要素要稳定得多，同时支系整备可获系统结构图谱，流传有序可使其历史线索完整。

黄平盛装（老年）

施洞盛装（老年）

施洞盛装（青年）

黄平盛装（中年）

西江盛装

榕江百鸟衣

黄平盛装（青年）

西江盛装

催家盛装

图1-1 当代贵州苗族盛装服饰[1]

---

1 贵州苗族盛装服饰（拍摄于2016-2017年贵州实地考察），其中现代化元素的加入（包括材料、工艺、纹饰等）对古老信息的真实性有所破坏，故与古物比较加以判断甄别才更有效。

改革开放极大地加快了中国社会的现代化进程，交通的便捷和旅游业的开发与繁荣，让苗族不仅走出了大山，还走出了中国。随着苗族传统文化与外界文明联系的日益密切，就苗族服饰而言，现代化进程对传统物质形态的保护和手工艺造成了巨大威胁。一方面，在民间所保存有价值的标本（民国前和古法制作的当代苗族服饰）迅速地流入文物交易市场，且大部分流向国外[1]（主要是日本和欧洲）。另一方面，随着苗族传统工艺的衰落及老一辈传统艺人的离世，古法的苗族服饰也变得日益稀缺，没有收藏价值但有历史和文献价值的古法结构的传承更是弥足珍贵，因为结构作为服饰最本真的部分往往承载着苗族服饰的深层动机和文化特质[2]。自古以来，作为主流文化的汉族传统匠作知识都是通过师徒口传心授继承的（匠作的生存所致），在结构方面的直接文献也是少之又少。而苗族又是一个只有语言没有文字的民族，技艺更是通过口口相传的方式传承，所以苗族服饰结构的研究不仅迫在眉睫。更重要的是，一个用服饰写就历史的民族，其结构所深藏的文化意义具有不可或缺的独特性，在苗族服饰基于刺绣技艺和纹饰图案研究的主流中，其结构研究无疑具有开学术先河的文献价值，有价值的标本及其结构研究便成为关键。

---

1 有价值的苗族服饰，在国内文物市场并不认为有收藏和学术价值，是因为在当代苗族生活中还在广泛使用，而在国际学术界不同，只要在形制上和技术上保持"古制"，无论是文物还是正在流通的手工艺制品，都有学术价值，故国外收藏家或研究者比国内的出价都高很多，因而大量流向国外。
2 王丽琄：《藏族典型服饰结构研究》，博士学位论文，北京服装学院，2013，第9页。

## 二、标本研究的文献价值

中国少数民族文化和民俗生态保存相对完好的地区，具有代表性的是贵州、云南、广西、海南和西藏。传统服饰随着保持的传统生活方式而存在，特别是重大的节日、仪俗，因此保留了它的纯粹性、真实性，这其中包括它的形制、工艺、术规等。贵州苗族服饰是具有代表性的，正因如此，无论是传世品还是全新制品，只要是手工古法制式，都很有研究价值，也就形成民间收藏品很少有因针对收藏市场而出现的高仿品。但传世品的研究价值仍高于新制品，同时传统生活方式仍有一定的保存和对传统技艺的留守，服饰就有很好的系统性继承。我们的研究得到了贵州凯里苗族服饰私人博物馆持有人苗族张红宇女士的大力支持。她不仅是一位爱好民族传统服饰的收藏家，还是苗族刺绣非遗传承人。她不仅有成系统的苗族服饰标本收藏，还有一手高超的苗族刺绣技艺。她向我们提供的包括湘西型、黔东南型、黔中南型、安顺型等苗族服饰系统标本，为苗族服饰研究提供了很好的实物基础（图1-2）。

实物考证是苗族服饰结构研究的关键条件和基础。通过对张红宇女士博物馆珍品进行系统的梳理，在长达一年多的时间里对标本进行全面深入的信息采集、测绘和结构图复原工作，获得大量的一手数据和原始信息。更为难得的是，每一件服饰标本都是清末民初的精品，年代可靠，而且支系种类齐整，这为苗族服饰系统的结构研究提供了基础数据及实证依据，为开创和建立苗族服饰结构谱系提供了完整的实物资料（图1-3）。

图1-2 苗族服饰收藏人和"非遗"传承人[1]

| 标本样式 | 民族 | 外观图（正反面） | | 标本样式 | 民族 | 外观图（正反面） | |
|---|---|---|---|---|---|---|---|
| 西江式 | 苗族 | | | 施洞式 | 苗族 | | |
| | | | | 台拱式 | 苗族 | | |
| | | | | 舟溪式 | 苗族 | | |
| 施洞式 | 苗族 | | | | | | |
| | | | | 雅灰式 | 苗族 | | |
| | | | | | | | |
| | | | | 丹都式 | 苗族 | | |
| | | | | | | | |
| | | | | 黑石头寨式 | 苗族 | | |

a 张红宇藏苗族服饰标本1

---

1 张红宇女士为"非物质文化遗产项目苗族刺绣市级代表性传承人"，并获"贵州省工艺美术大师"荣誉称号。

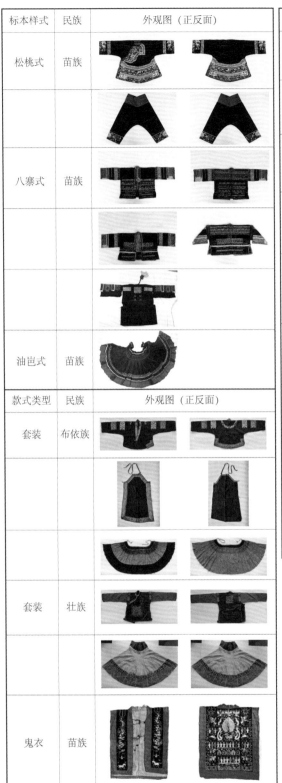

| 标本样式 | 民族 | 外观图（正反面） |
|---|---|---|
| 松桃式 | 苗族 | |
| | | |
| 八寨式 | 苗族 | |
| | | |
| | | |
| 油岜式 | 苗族 | |

| 款式类型 | 民族 | 外观图（正反面） |
|---|---|---|
| 套装 | 布依族 | |
| | | |
| | | |
| 套装 | 壮族 | |
| | | |
| 鬼衣 | 苗族 | |

| 款式类型 | 民族 | 外观图（正反面） |
|---|---|---|
| 背带 | 苗族 | |
| 背带 | 苗族 | |
| 背带 | 苗族 | |
| 背带 | 侗族 | |
| 贯首衣 | 彝族 | |
| 上衣 | 彝族 | |
| 童装套装 | 侗族 | |
| | | |
| | | |

b 张红宇藏苗族服饰标本2

图1-3 张红宇藏苗族服饰标本[1]

---

1 张红宇藏苗族服饰标本共39件（套），其信息采集、测绘和结构图复原工作全部在北京服装学院工作室完成。

无论是汉族还是少数民族，中国制衣技艺自古以来都是以师徒口传心授的方式传承的，故少有剪裁匠作流程的文字记录和裁剪图样的著录[1]，其结构细节、算法、制作程序不曾留世正是这类非物质文化遗产的突出特点。而今天这类研究要想在学术上有所突破，不可或缺的需要大量的结构、材料、技艺的信息采集、测绘和实证考据，因为只有如此才有可能真实地还原和记录这种口传心授的动机、形制的目的和技艺的标准。文字和图样的技艺依赖于人而存在。苗族传统技艺随着老一辈艺人和传承人的离去，也面临着失传的危险，故标本的研究具有不可替代的重要性，这种以构建文献形式对苗族服饰结构进行整理和记录，这本身就是一项抢救性的工作，试图以全新的文献记录有利于苗族服饰文化的保护传承与研究。无疑标本研究成为关键，张红宇苗族服饰系统藏本研究可望有所学术突破。

民族服饰标本研究类文献值得一提的是《中国民族服饰结构图考》"汉族编"及"少数民族编"，是中华民族服饰结构研究的奠基式文献[2]。该书虽涉及了苗族，也记录了结构信息，但所著录的标本类型有限，标本多来源于现实生活的实地调查，贵州很多典型的苗族服饰尚未记录。《苗族女装结构》[3]作为专题研究成果，着重介绍苗族服装穿着过程及样态，缺乏对结构做系统测绘和整理，这要取决于对实物的拥有和驾驭。可见对苗族服饰标本的系统研究，关键在于对其结构信息的采集、测绘和复原工作，它不仅是为建立苗族服装结构图谱所作的基础性研究，也为其他民族的相关研究提供范示，为整个中华民族服饰结构谱系的建构具有标志性的学术意义和补遗的文献价值[4]。

---

1 匠作和图样，在传统学术中归为"术"或"器术"，甚至我国学界不认为可以列入学术，文人不记录它们，匠人又无能力记录。基于匠人生存原因也不愿以文献方式记录（为生存而保密），这样以文字和图样的著录文献就极为少见。
2 刘瑞璞、陈静洁：《中华民族服饰结构图考（汉族编）》，中国纺织出版社，2013。刘瑞璞、何鑫：《中华民族服饰结构图考（少数民族编）》，中国纺织出版社，2013。
3 黎焰的《苗族女装结构》是一本较详细记录黔东南苗族典型支系服装穿着过程的专著，有少部分服装结构的记录，但缺乏对结构做系统的测绘与分析，且标本仅限于黔东南。
4 "中华民族服饰结构谱系"在沈从文等老一辈的中国古代服饰通史研究中并没有建立起来，主要是因为若干古代服饰标本的缺失，但相对少数民族还是有所涉及。少数民族服饰最大的优势就是标本呈现，苗族服饰标本无论在文化形态和体量上又最具典型性和代表性，保存生态又是相对完整的民族服饰（还有藏族服饰），因此，此项研究对整个中华民族服饰结构谱系的建构具有标志性学术意义和补遗的文献价值。

# 三、文献梳理

苗族是我国古老的民族之一，自我国早期文字记载的历史文献，无论官方的档案、志书、还是民间史料，均有相关记载。苗族服饰富有深厚的文化内涵和完整的历史信息，古往今来许多国内外学者都对苗族做了大量的文史、民俗、制度、地理、技艺等研究，取得丰硕成果，对它们的梳理有助于本课题的专项研究。

## 1.国内文献

有关记述苗族人文民俗事项的文献包括《淮南子》《后汉书•南蛮传》《隋书地理志》《旧唐书•南蛮传》《湘西苗族实地调查报告》《松桃直隶厅志》《黔记》《黔书》《黔南识略》《百苗图》等。这些古籍文献大部分是介绍苗族风俗概况，它是一种"历史地理"（学者候仁之开创的中国"历史地理学"）式的文献，包含苗族支系的分类、地区分布、族群迁徙、生活习惯、宗教习俗等，为苗族的专项研究提供了重要的文献基础和史料。对苗族服饰研究最有价值的是《百苗图》，它是清嘉庆陈浩《八十二种苗图并说》一系列抄本的总称，全书共82条目，描述82种苗族服饰。当代学者杨庭硕、潘盛之将多个版本的《百苗图》进行整理，编著成《百苗图抄本汇编》[1]；刘锋编著的《百苗图疏注》[2]，将《百苗图》中民族与现在中国所划分的民族作了分类与考证。民国时期的学者划分的苗族与其他民族的文化界限，为后世专项研究特别是苗族服饰文化研究提供了宝贵的图像和文献资料。现当代学者对苗族服饰文化的研究成果远多于其他民族，这和《百苗图》不无关系。有关苗族服饰结构形制和图谱研究，《百苗图》也是不可或缺的文献基础。

在现代苗族服饰文献中最具代表性的是志书与分类学（因苗族支系过多）相结合的研究成果。1985年民族文化宫编著的《中国苗族服饰》[3]为全彩色大型画册，按照苗族方言区及地域，以图片的方式把苗族服饰划分成5型21式。1998年杨正文编著的《苗族服饰文化》[4]一书从服饰造型、装饰形制、穿着

---

1 杨庭硕、潘盛之：《百苗图抄本汇编》，贵州人民出版社，2004。
2 刘锋：《百苗图疏证》，民族出版社，2004。
3 民族文化宫：《中国苗族服饰》，民族出版社，1985。
4 杨正文：《苗族服饰文化》，贵州民族出版社，1998。

方式等形象化整理，将我国苗族女装分为14型77式。2000年，摄影师吴仕忠通过实地考察，在《中国苗族服饰图志》[1]中把苗族服饰划分为173式，并对每一种类型服饰都有一个基本的介绍，是一部比较详细和全面的苗族服饰图集。2005年席克定在《中国苗族服饰图志》的基础上编著了《苗族妇女服装研究》[2]，使用考古学的类型学方法，依据服装的形制与穿着方式，把苗族妇女服装划分为"贯首装""对襟装"和"大襟装"三大类，又在各个大类基础上根据服装款式所具有的共同特征，划分为不同"型"和"式"，据此推断"型"和"式"所产生和形成的时代背景及它们发展演变情况的社会因素，较系统地探索了苗族服饰类型形成与社会的关系。

有关苗族技艺类的研究成果，杨正文编著的《鸟纹羽衣：苗族服饰及制作技艺考察》[3]一书以文字和图像记录的形式描述了苗族服饰的多样性，特别对节日中盛装和制作蜡染技艺的整理，并配以彩图对苗族服饰及制作工艺做了较详细的介绍。魏莉编著的《少数民族女装工艺》[4]讲述少数民族女装款式变化、少数民族女装结构设计和少数民族女装手工艺特点的应用，以及它们在现代服装上的表现及运用，苗族是其中的一部分。针对苗服刺绣工艺，最具代表性的是曾宪阳、曾丽编著的《苗绣》[5]和鸟丸知子的《一针一线》[6]，它们都详细讲述了苗族各种刺绣的名称、针法、绣法以及手工艺特点，更可贵的是都有苗族手工艺人现场展示技艺流程的彩图著录。这些成果对苗族的刺绣、蜡染、纺织等工艺技术在服饰中的重要作用和独特的苗尚风格有很好的呈现。

苗族史论类文献是研究苗族服饰学术价值的理论基础，包括它的迁徙史、礼俗文化、审美艺术等亚民族学的学术问题，服饰则是其中的重要载体。石朝江编著的《世界苗族迁徙史》[7]，是第一部全面、系统地研究苗族迁徙历史的著作，讲述了苗族自远古至今不断迁徙与战争的过程。何圣伦编著的《苗族审

1 吴仕忠：《中国苗族服饰图志》，贵州人民出版社，2000。
2 席克定：《苗族妇女服装研究》，贵州民族出版社，2005。
3 杨正文：《鸟纹羽衣：苗族服饰及制作技艺考察》，四川人民出版社，2003。
4 魏莉：《少数民族女装工艺》，中央民族大学出版社，2014。
5 曾宪阳、曾丽：《苗绣》，贵州人民出版社，2009。
6 鸟丸知子：《一针一线》，中国纺织出版社，2011。
7 石朝江：《世界苗族迁徙史》，贵州人民出版社，2006。

美意识研究》[1]对苗族审美意识做了比较全面、系统的梳理、归类和分析。罗连祥编著的《贵州苗族礼仪文化研究》[2]以最具典型意义的中国苗疆——贵州省为例，从礼仪文化这个民俗事项角度入手，深入考察贵州当地苗族文化历史以及近年来发生的礼俗变迁，对贵州苗族礼仪文化的变化规律、演变状况及其原因、传承和发展贵州苗族礼仪文化的具体措施进行深入研究。安丽哲编著的《符号•性别•遗产——苗族服饰的艺术人类学研究》[3]运用实地考察与文献考证互鉴的方式解读长角苗服饰上的图形符号特征，主要涉及服饰文化特征、族源考证、现代苗族服饰类型、几何纹样的文化解读等，是一部以服饰信息与符号学理论相结合的学术专著。

综合以上国内文献的梳理发现，大凡研究苗族服饰的文献，基本分成人文和技艺两大部分。人文多以历史地理、艺术、民俗为主，技艺多以织造、印染、刺绣为主。而鲜有介于人文和技艺之间的服装结构为主的文献和研究成果。而这一部分研究和文献的缺失，不仅使人文和技术的结论无法连接，就研究成果本身也值得怀疑，如苗绣图案置陈的仪轨和流程如何，礼俗仪式为什么多选择右衽结构的衣服，贯首衣必有祖纹等，这其中缺失的环节就是对实物结构的研究和整理。这就是为什么包括日韩在内的西方服装史就是一部"结构史"的道理，也成为国际服饰学术研究的基本准则，民族服饰研究也不例外。

**2.国外文献**

苗族文化历史悠久、体量大、分布广泛，蕴藏着无穷的奥秘，不仅引起国内学者重视，也引起国际学术界的关注和研究兴趣，形成与"藏学"同样有国际性的学术领域"苗学"，服饰研究成为其中重要组成部分。在20世纪80年代，日本的美乃美株式会社联合中央民族学院、人民美术出版社合作出版了英文版*Costumes of the Minority People of China*，它的出版不仅在国际学界，在国内民族学研究领域也产生很大影响，此后，美乃美株式会社和中央

1 何圣伦：《苗族审美意识研究》，人民出版社，2016。
2 罗连祥：《贵州苗族礼仪文化研究》，中国书籍出版社，2014。
3 安丽哲：《符号•性别•遗产——苗族服饰的艺术人类学研究》，知识产权出版社，2010。

民族学院主编，人民美术出版社出版了中文版《中国少数民族服饰》，它以一手的图像资料为主，前半部分为彩色图片配相关的文字信息，后半部分用黑白图片和文字记述展示民族服饰着装形态和局部特征，苗族是其中的重要类型。Ruth Smith编著的*Minority Textile Techniques Costumes from South West China*为苗族服饰图像文献，图版全彩，是讲述苗族服饰纺织工艺的技艺类研究成果，在书中出现了国内同类文献少见的苗族服饰的平面结构著录，以此用来分析苗族服饰构成的术规，这对国内学者提供了新的研究视角和文献记录方法。

苗族分布的国际化不仅使国外苗学研究活跃，国内亦有对国外苗族文化事项的研究成果。史晖博士论文《国外苗图收藏与研究》对国内外苗族图像文献收藏和研究情况进行了比较细致的梳理，对国内外苗族服饰图像信息的收藏和研究进行了系统呈现，这为苗族服饰图像文献学术构建的基础性研究探索了一种新方法。这一切足以说明，苗族这个古老的民族，在人类文明发展史上占有一席之位，它用服饰写就历史，服饰便成为它的文化符号。遗憾的是，无论是国内还是国外文献，都极少有以结构为线索的学术探究，更没有成体系的研究成果。因此苗族服饰结构研究不仅要解决"是什么"，还要探索"为什么"，"结构"是造物的核心问题，研究物质文化的所有事项都是不能绕开的，关键需要有足够的标本，以获得结构的客观性和可靠性信息，这样呈现的结果才具备文献价值。

# 四、文献与标本结合重标本的研究方法

在文献梳理中发现，有关结构的技术性文献的缺失主要出现在方法上。我们传统的研究方法普遍存在重道轻器、重考献轻考物的问题。作为中国物质文化[1]的苗族传统服饰研究不能单一以文献研究为主：一是直接文献少，二是今天苗族传统生活方式还有完整的服饰保留，仍有实物及其技艺供我们研究。为了更好地呈现苗族服饰结构研究成果，研究工作主要通过文献研究、实地考察与标本研究相结合重标本的研究方法。标本研究作为主线，关键是拥有可研究的系统样本，获取完整数据，复原整理结构图谱，以补充文献研究的不足，还要将文献研究与实地考察互补，标本研究与实地调查互鉴，探索建立苗族服饰物质文化的结构证据和结构图谱，这对建立中华民族服饰结构谱系具有指标意义。

## 1. 标本研究

标本研究以"张红宇苗族服饰系统藏本"（简称"张系藏本"）为基础，其研究价值不仅在于系统的标本本身，还在于藏家本人的背景。张红宇系苗族，贵州凯里人，是苗族传统生活方式的亲历者与见证人，她还是苗族刺绣非物质文化遗产代表性传承人（见图1-2）。更重要的是，她拥有高等级丰富的苗族服饰收藏无条件地提供研究，这是可以实现获取苗族服饰标本完整的数据和建立结构图谱开创性工作的物质基础。通过对"张系藏本"的苗族和相邻的侗族、布依族、彝族典型服饰标本进行信息采集、测绘和结构图复原工作，重点选取清末民初的苗族标本，并对不同地域、不同支系及相邻民族的典型服饰结构进行比较研究获取较完整的基础数据。苗族服饰标本分布主要集中在苗族聚居的黔东南的凯里、黄平、台江、雷山、丹寨、榕江、铜仁地区，松桃和黔南地区的都匀、平塘，以及安顺地区的黑石头寨（图1-4）。"张系藏本"共计39件（套），其中苗族28件（上衣19件、背孩带3件、围腰3件、裙子2件、

---

1 物质文化：material culture名词首次使用在美国人类学界，之后逐渐在艺术史、科技史、经济史、社会史等领域广泛运用。运用物质文化理论研究艺术史的第一人是牛津大学柯律格教授，他认为，就学术而言，"物质文化"比"装饰艺术"（decorative art或applied art）更能揭示物质对象的文化属性，即研究物质背后的文化现象更可靠和具有学术价值，研究者就必须关注考古学和博物馆研究成果。孙机先生的《中国古代物质文化》就是我国物质文化开创性的成果。

图1-4 "张系藏本"分布图[1]

裤子1件），侗族4件（上衣1件、背孩带1件、围腰1件、片裙1件），彝族2件（贯首衣1件，上衣1件），布依族一套（上衣1件、裙子1件、胸兜1件），壮族一套（上衣1件、裙子1件）。与苗族共居的其他民族服饰是作为比较研究的实物，以获取中华民族一体多元文化特质的物证。

对苗族服饰标本研究以"张系藏本"为主要线索，规划实地调查和博物馆样本进行地毯式的信息采集、测绘和结构图复原工作。研究技术路线分三个步骤：标本图像信息采集、标本结构数据采集和标本结构复原的数字化呈现。标本图像信息采集，采用现代数字照相技术，对标本的内外部正面、背面、局部和技艺细节进行完整系统的图像记录（图1-5）。标本结构数据采集，依据标本内外结构特征，从外至内由整体到局部测量其完整的结构数据，并配合手绘记录真实还原其结构形制（图1-6）。在这个过程中对标本的特殊部分无法判断或有所隐秘的事项，需要做实验性1：1复制，让结论或重要发现赋予真实性及客观性。这些工作都为苗族服饰结构图谱的建立提供了可靠的实物证据（图1-7）。

---

1 "张系藏本"4次提供的标本具有较完整的支系和地域分布，包括苗族主要聚居在黔东南，黔南、铜仁等，且支系完整，是一个较系统的苗族服饰样本，提供了获取完整数据和结构图的物质条件。

a 制定标本图像信息采集方案

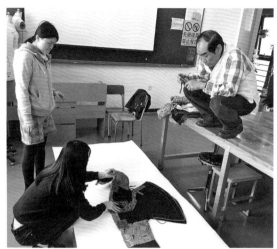

b 标本上衣正面图像采集

c 标本裙子正面图像采集

d 标本裙子内部图像采集

图1-5 标本图像信息采集

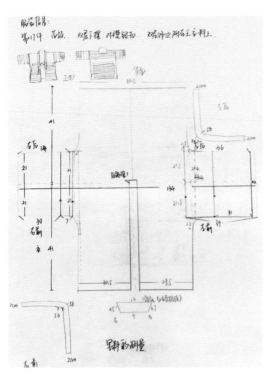

a 里料测量

b 纹样测量

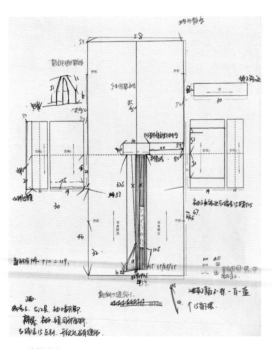

c 面料测量

d 面布用三种面料

图1-6 标本结构数据采集与手绘记录

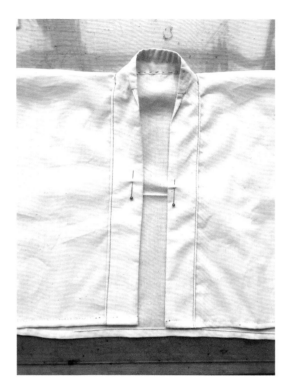

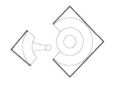

图1-7 样本特殊的领子结构和银质扣饰细节的1∶1复制实验

　　标本结构复原数字化呈现是将标本结构数据采集与手绘记录处理成数字文件，最后形成一个完整的技术路线，即标本图像信息（外部、内部、局部细节）、标本结构数据采集完成手绘记录（主结构、衬里结构、饰边结构）、标本结构复原数字化呈现。利用计算机技术将手绘记录的主结构、衬里结构、饰边结构等信息处理成数字文件，并进行排料实验，为结论提供更全面的理论依据（图1-8）。数字化呈现不仅使标本的形制、主结构、衬里结构、饰边结构等信息得到专业化和科学的展现，更重要的是对每一个标本都可以通过获得基本数字信息对其面料、里料、饰边、贴边及纹样等各个部分结构的净样、毛样、分解图、排料图和纹样系统的全息数据进行处理、分析、研究和复原。这种数字信息的利用和跟进研究，有利于深入了解苗族服饰物质形态背后的文化属性，且有重要的学术发现，如"几何级数衰减算法""整裁整用"造物方法的发现等（图1-9）。

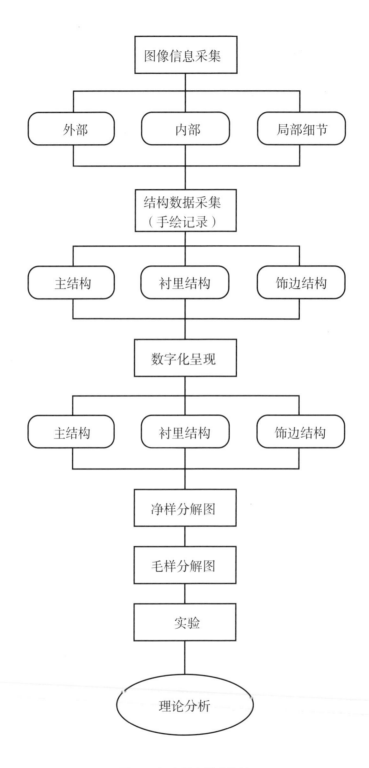

图1-8 标本研究技术路线

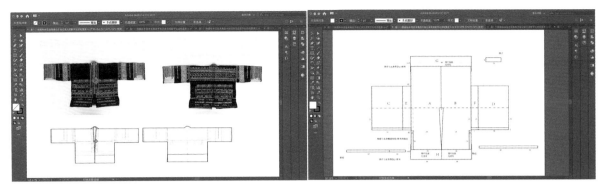

a 标本形制图复原　　　　　　　　　　　　　b 标本主结构图复原

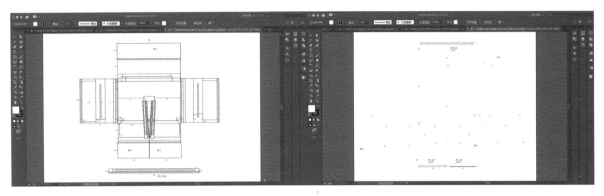

c 标本饰边结构图复原　　　　　　　　　　d 标本主结构分解图复原

图1-9 根据标本信息采集和手绘记录完成的数字化结构复原

### 2.分类文献的标本定位

从文献中检索有关苗族服饰的相关资料，在民族文化史、地方志、文学史、艺术史、纹样刺绣等专著、论文中都是比较容易的，成果也相对丰富，总体上表现为形而上大于形而下的特点。因此，基于物质文化的苗族服饰研究，离不开考古、博物馆和民间收藏的标本研究，结构研究又成为标本研究的关键，特别是民间收藏。在直接文献不足的情况下，最具借鉴和指导意义的是以"分类学"为特点的文献。通过梳理，以1985年出版的《中国苗族服饰》分类为线索，比较其他文献分类情况，结合实地考察，确定标本按区域划分为4型10式。10式就结构的研究来看可以涵盖苗族所有的服装类型[1]（贯首衣、对襟衣、大襟衣）。4型即湘西型、黔东型、黔中南型、川黔滇型，10式即松桃式、西江式、台拱式、施洞式、舟溪式、八寨式、丹都式、雅灰式、油岜式、黑石头寨式。

"物质文化研究"进入民族学领域很晚，国内外对苗族服饰结构的研究成果几乎是空白，缺少直接的参考文献是必须要承受的学术现实。因此通过借鉴

---

1 服装类型：类型与结构和样式的关系，类型表现为多种样式，而结构是类型相对稳定的因素，也就是说样式是在结构形态一体化的前提下发生改变。中华民族服饰一体多元，"十字型平面结构"为一体；"右衽左衽"就是多元。苗族服饰系具有这种分类学的标志意义。

民族学的文化史、民俗、艺术和技艺的研究成果，结合苗族地方志、史料等相关文献的整理，通过实物研究，获取以结构为主导的完整信息，力求通过结构形态和规律的研究寻找新的突破和发现，获得科学、可靠、真实的物证。这不仅对文献是个重要的补充，还可能对传统理论有所修正，甚至颠覆。从这个意义上讲，实物的研究成果对现存文献具有定位功能。值得注意的是，历史中的标本和现实中的标本不同，前者是曾经发生过的物质形态，后者在现实中还存在，甚至还在使用，这意味着它的文脉在现实中得到保存和运行着，因此实地调查是有关民族学物质文化研究不可或缺的方法。

### 3. 实地调查

实地调查是民族学研究的重要方法，类似于考古学的田野调查，是指民族学工作者亲自进入民族地区，通过直接观察、具体访问、居住体验等方式获取第一手研究资料的过程[1]。实地调查不仅能对所研究标本的数量和类型做补充，还能对当地苗族传统服饰的保存使用情况和传统技艺的现状有直观感受和记录。调查方式主要有：考察实物的保存状况，采集标本信息；了解生活中实际穿着风俗，记录穿着过程；访问制作者等，了解传统技艺保存情况和技术过程[2]。通过在2016年到2017年一年中前后三次去贵州展开的调查（图1-10），集中对民间苗族服饰私人博物馆及非物质文化遗产代表性继承人进行访问，拜访苗绣艺人、私人收藏家等（图1-11）。参加贵州苗族有代表性的民俗活动，如台江姊妹节、雷山苗年节、谷陇芦笙会等。台江县施洞镇和雷山县西江镇的苗族服饰最具代表性，对此进行了多次调查及访谈，获得了珍贵的一手实物和实地调查的民俗资料（图1-12）。

实地调查能弥补标本表征未发现的信息，也是活化标本研究的有效手段。将研究课题置于苗族特定的现实文化背景中，让标本最终形成文献上所能看到的艺术形象，让学术研究和理论探索变得真实而生动。

---

1 林耀华：《民族学通论》，中央民族大学出版社，1997，第151页。
2 黎焰：《苗族女装结构》，云南大学出版社，2006，第24页。

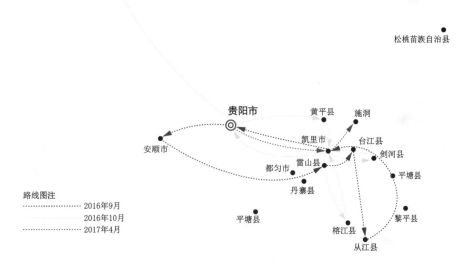

图1-10 苗族服饰三次实地调查行程图

体验"八寨式"服饰　地点：凯里张红宇私人博物馆

体验"舟溪式"服饰　地点：凯里老街手工店

体验"宰便式"服饰　地点：黔东南从江县宰便镇

图1-11　苗族服饰实地体验与调查民间收藏

谷陇"九二七"苗族芦笙会活动现场

高排村苗年活动现场

雷山苗年活动现场

图1-12 苗族代表性民俗活动的服饰现状考察

# 五、存在的问题与解决方法

首先，最大的问题是直接参考文献不足。中国传统服饰技艺，不管是少数民族还是汉族自古以来都是靠妇女或匠人口传心授方式传承的，也最具有非物质文化特征，少有剪裁制图流程和术记的文字留存，故其结构细节、制图、算法、制作程序多是以经验的口头记事形式，而这类的物质文化研究需要大量的结构、材料、技艺的实证考据，才有可能真实地还原和记录这种口传心授的技艺过程、形制目的和动机。因此这是一项开创性的工作，必须对系统的服饰标本进行相关信息的采集、测绘和结构图复原，需要在基础性研究方面耗费大量的时间和精力，这既可弥补文献的不足，本身还具有文献价值。

其次，是标本的局限性。虽然"张系藏本"为本课题研究提供了得天独厚的实物样本，但是苗族支系众多，氏系、族群、生辰婚姻等人生事项都在服饰中有所记录，"饰样"的改变就是一个用服饰写就民族历史的生活写照。样式明确记载的就有173种，所以相对"式"而言的标本不足，需要在实地调查和文献研究的过程中作类型分析和样式补充。所以多次在贵州大小的博物馆及各种苗俗活动中尽可能多地补充一些支系特殊的服饰，但由于一些客观原因还是不能涵盖所有的苗族区域和样式，有待今后的研究继续完善。解决的方法就是深入研究具有代表性的标本，根据它们结构的特点稳定且统一地类推。

第三，是苗族古代服饰考古研究滞后，这和当今苗族传统生活方式保存相对完整有关。本课题所涉及的标本时间以清末民初为主，少量为现代标本，这种样本的时间结构，对苗族服饰而言已经很有研究价值了。更早的苗族服饰样本无法获得，民间收藏家、博物馆收藏的古代样本精品本就很少，更不愿示人，所以这部分的问题我们只能用文献、民间收藏、博物馆研究和实地调查的综合方法进行逻辑分析。

不管是国内文献还是国外文献，运用标本实证的方法对苗族服饰进行结构研究都没有成熟的成果。在苗族物质文化研究成果与文献缺乏的情况下，运用文献与实物相结合重实物的研究方法进行开创性尝试，以填补实证研究和文献的不足。

第二章

苗族服饰十字型

平面结构的传承

苗族服饰在历史迁徙中形成和演化，在环境适应中传承和发展，是写就苗族历史和文化的书。苗族服饰从炎黄时代的"衣皮披叶"到尧舜禹时代的"三苗髻首"，从春秋秦汉时期的"好五色衣服，裁制皆有尾形……衣服褊裢"到明清时期的"男蓄髻，著短衣，无袖，惟遮覆前后而已，"一直按照自身特有的规律发展演化着[1]。明清以来，随着中央王朝不断加大对苗疆的开发，特别是在西南疆域实施屯兵和改土归流政策后，苗地社会生活发生了重大改变，加速了苗族服饰的演进。现今的苗族服饰总体上汉化明显，"男汉女从"的趋势已成定局，只有女服尚能保持自己特有的形制特色。因此学界研究苗族妇女服饰成为主流，事实上西南古老的少数民族都带有母系氏族的痕迹，女性服饰也就成为文献记录的特色。

　　苗族在少数民族服饰中是最丰富的一个民族。清代记录苗族风俗最权威的图像文献《百苗图》中"贵州苗"就有82种[2]，现今在《中国苗族服饰图志》中已达173种[3]。苗族妇女服装各类型之间有差异性，同时更有同一性。为了便于分析，我们将《中国苗族服饰图志》所归纳的苗服划分为三大类，其中贯首衣11种，约占总数的6%；对襟衣105种，约占62%；大襟衣57种，约占32%。每一种类型在结构上虽有自己的特色，但它的结构系统"连根共树"，都贯穿着以前后身中心线为竖轴，以肩袖线为横轴，前后片为整幅连裁的十字形结构，即遵循"十字型、整一性、平面化"[4]古典华服结构系统。并且在这个系统中几乎都采用了直线裁剪方法的"整裁整用"，这种很好地实现零消耗裁剪的方法是苗族贯首衣最古老的制作方法。

1　杨东升：《关于苗族女服的形成、演化及时限问题——与席克定先生商榷》，《西南民族大学学报(人文社会科学版)》2010年第8期。
2　清代"百苗图"是源自清嘉庆年间陈浩编著的《八十二种苗图并说》的一系列抄本的总称，全书共82条目，描述82种苗族服饰。
3　吴仕忠在《中国苗族服饰图志》中共展示173种苗族服饰，根据地域分布把苗族服饰划分为173式。
4　刘瑞璞、陈静洁：《中华民族服饰结构图考（汉族编）》，中国纺织出版社，2013，序。

第二章　苗族服饰十字型平面结构的传承　　29

# 一、贯首衣十字型平面结构

贯首衣是我国古代南方少数民族的一种独特的服装，堪称是原始服装的活化石，也是苗族最早的服装类型之一，《旧唐书•卷197•南平僚传》记载，"南平僚者……男子左衽露发徒跣；妇人横布两幅，穿中而贯其首，名为'通裙'"[1]。宋代欧阳修和宋祁编的《新唐书•卷222》说"南平僚……妇人横布二幅，穿中贯其首，号曰通裙"[2]。在"通志"中也有相同的记述。这些文献记载的"通裙"就是用两块布幅缝制成衣裳连属式的贯首衣。

专门记述苗族贯首衣的文献，最早见于明朝嘉靖年间的汉文文献《贵州图经新志》卷之十一，有关龙里卫军民指挥使司的风俗条说，"境内东夷之苗，……妇人盘髻，贯以长簪。衣用土锦。无襟，当幅中作孔，以首纳而服之。别作两袖，作事则去之"[3]。万历《贵州通志》有相同的记载。沈从文先生在《中国古代服饰研究》中誉其为"中国服装历史上的活标本"。贯首衣在中华传统服饰中是先于(对襟)交领衽式的形制，历史上在西南少数民族地区长期广泛穿着，至今仍保持纯粹和完整。虽然在款式上有了发展变化，如在领口镶饰边，在胸部和背部饰方形挑花或蜡染图纹等，但其主要特征，"当幅中作孔，以首纳而服之"从未改变，后来出现的对襟、大襟也是在此基础上与汉文化融合的结果，但贯首衣结构的痕迹还在，如"整裁整用"的衣袖接缝工艺。

根据《旧唐书》的记载，贯首衣的结构特征是"横布两幅，穿中而贯其首"和"通裙"，可以做这样的理解：其一，上衣两幅拼接时中部留孔为领，无襟，穿着时从头上套下，上衣不另做袖子；其二，"通裙"，说明是上衣下裳连属"深衣"形制；其三，"横布两幅[4]"，说明是整幅使用（不剪裁）前后拼接。今天苗族的贯首衣类型，仍具有古代贯首衣"横布两幅，穿中而贯其首"的特点，由于横拼幅宽的限制，不可能出现"通裙"而是上衣下裳（裙）分属制，这也是依据地貌气候的选择。难能可贵的是云南麻栗坡的彝族仍然保留着"竖布两幅"（左右拼接中部留孔）上衣下裳连属的"通裙"形制。

---

1 (五代)刘昫：《旧唐书》(卷197)，清乾隆武英殿刻本。
2 (宋)欧阳修、宋祁：《新唐书》(卷222)，清乾隆武英殿刻本。
3 明朝嘉靖年间的《贵州图经新志》（卷11）。
4 "横布两幅"说明是整幅前后拼接。事实上，文献和实物都证明也有"竖布两幅"拼接的贯首衣，这样才可能出现上衣下裳连属的"通裙"。这就证明了古老贯首衣横拼开领和竖拼开领两种基本结构形成的原因。

文献和实物也得到了相互印证。标本来源于贵州平塘油岜地区苗族和云南麻栗坡彝族的贯首衣，这两个民族贯首衣结构的共同特点是衣身规整、对称，均为整幅，中央留缝或方形领口以贯首。相比而言，苗族服饰的结构更符合"不加裁剪而缝成""贯头而着"的古风，衣身由整块布沿横纱布边缝合成肩缝，中间留孔为领口。早期两袖与衣身分离为无袖贯首衣，后进化成接袖贯首衣，现今袖子与衣身缝起但两腋下未完全缝合就是这两种贯首衣彼此演变的痕迹，可见标本依旧留有古时遗风。标本结构的"整裁整用"仍保留贯首衣原始的"横布两幅"结构特征。彝族贯首衣胸背连成一体，在肩线对折处前侧留出方形领孔，形成无领半襟包边，两腋下有矩形和不规则菱形组合的腋下片，是为手臂运动而设计的一种进化标志，布幅中心纵向开缝为襟而不断，使套穿更加便利，因方形领而半襟和腋下片设计被视为进化的贯首衣。这两个贯首衣标本，可以说是中华传统十字型平面结构的原始形态。经过标本的信息采集和分析，两者展开后的结构均呈现中华服饰结构谱系典型的"十字型平面结构"（图2-1）。

这一类古老的少数民族服饰继承了远古贯首衣的遗风，简单且真实。自人类服饰文明起源，这种结构便渗透在中华大一统的十字型平面结构之中，以至于时至今日，汉族中消失殆尽的古老结构形制的中华基因，却在南方许多少数民族中仍有所沿袭。

| 标本 | 款式图 | 结构分解图 | 相关信息 |
|---|---|---|---|
| 苗族贯首衣 | | | 近现代，苗族贵州省平塘地区本族特色（横开领）的十字型平面结构 |
| 彝族贯首衣 | | | 清朝，彝族云南省麻栗坡本族特色（竖开领）的十字型平面结构 |

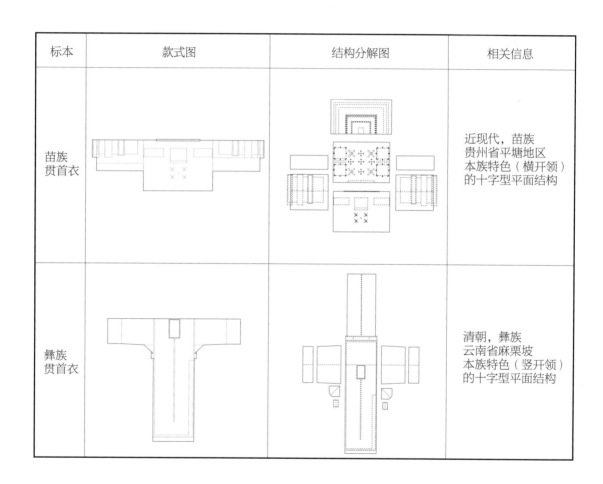

图2-1 贯首衣十字型平面结构

# 二、对襟衣十字型平面结构

我国古代服装有两种基本类型：上衣下裳制；上衣和下裳连属制，即袍。西周以前，主要是上衣下裳制。服装为上下两部分，穿在上身的称"衣"，为短衣；穿在下身的称"裳"，早期为裙，后加入异族的裤。春秋战国之际，又出现了"深衣"，把上下服装合并成一件，连成一体，即是衣裳连属制[1]，这就是早期袍的称谓。上衣下裙是南方少数民族的基本特征，苗族具有代表性的对襟衣是以对襟上衣和裙组合，成为它的标配，根据地域、风俗、信仰等衍生出多种款式，但对襟衣是苗族妇女服装的主要类型。变化是以此为基础，附加装饰而构成新的款式，组合包括内穿菱形肚兜[2]、百鸟衣的组合、改变裙子长短、外加披肩等。除此之外是受汉化影响的斜襟衣和交襟衣。但上衣的交领、无扣、穿时系带等，都是上衣下裳制的基本特征。由此可见苗族妇女的交襟衣和斜襟衣也都是从对襟衣结合汉俗演变而来的。交襟衣与对襟衣相比较，形制基本相同，区别只是穿时增大拥掩量而变成交襟而已，它们袖宽大而短，衣领向后倾垂，这些都和贯首衣的"整裁整用"传统有关。交襟衣因精美的银饰、绣片，交襟的穿着方法，形成了一种新的服装款式，事实上其平面结构就是对襟衣的类型，与汉人的交领大襟不同，如标本中的施洞式、西江式、台拱式等。

苗族妇女对襟衣的各个款式，与苗族不同支系的居住地区有密切的关系。对襟衣的形制是为了适应居住地区的地理环境和自然条件而形成的，这些款式，都具有生活和劳动中的实际意义，所以，不同的地区，有不同的服装形制。如贵州月亮山以北地区的贵州从江、榕江等地，气候比较炎热，所以形成了对襟衣、肚兜和裙子的组合，穿着时肚兜向外露；再例如标本中的榕江百鸟衣更利于散热。而生活在黔西北、滇东北地区的苗族，那里海拔较高，气候比较寒冷，所以形成了对襟衣、披肩和裙子组合，用毛织的披肩，披在上装外面，可以抵御风寒。生活在雷公山地区的苗族，因为山深林密，为了便于山区的生活和劳动，形成了对襟衣和短裙组合，例如舟溪式。这种分布状况，说明苗族妇女服装中对襟装的各个款式，是在苗族迁入贵州，在

---

1 周锡保：《中国古代服饰史》，中国戏剧出版社，1986。
2 肚兜相当于汉族妇女旧时的胸衣。

各地定居以后形成的。因为苗族在进入这些地区以前，不可能形成适应这些地区地理环境、气候条件的服装款式，这可能就是达尔文进化论认为的形制对环境的"特异性选择"。

在"张系藏本"中除西江式、施洞式、台拱式上衣穿着时为交襟外，其余均为对襟。西江式在结构上呈现对襟，穿着时采用交领左衽侧带系结，后衣领低矮而向后坠，类似日本的和服领。施洞式、台拱式其上衣结构与西江式相似，为宽领对襟、前长后短结构，穿着时左搭右在胸前形成交叠状态，适合不同体型人群穿着，前长后短结构是考虑穿着后前后襟基本等长。苗族"百鸟衣"主要是指条状的裙子，上衣无论是结构还是穿着都是对襟，它是祭祖大典鼓藏节（或牯藏节）巫师祭祀和上踩歌堂、斗牛场时所穿的服装，故不分男女。八寨式与黑石头寨式上衣都是满绣，面布碎拼缝缀。八寨式标本有衬里，全身在基布上布满刺绣、缎带装饰，衣身前后身连裁，袖子无肩缝，衣袖多为四阶饰段，自袖口起，依次为挑花饰段、浆染饰段、蜡染饰段和贴花饰段。黑石头寨上衣整件由红、绿、粉等拼布组成，靛蓝色土布为基布又为衬里，虽分片较多，但可看出整体状态规整对称，仍为典型的中华十字型平面结构传统。

通过对襟衣样本的十字型平面结构分析，它们大多沿袭古老交领衽式的穿着方式，结构特点仍然属于"贯首衣"类型，主要采用"规格化"和"整裁整用"的处理方法。"规格化"形成的规整矩形结构，是通过"几何级数衰减算法"实现的。这种苗族先民朴素的"人以物为尺度"的思想与汉民族"天人合一"的"敬物尚俭"传统不谋而合，而成为中华民族"俭以养德"的文化基因，由此形成并提供了中华传统服饰"十字型平面结构系统"一体多元面貌的实物证据（图2-2）。

| 标本 | 款式图 | 结构分解图 | 相关信息 |
|---|---|---|---|
| 西江式 | | | 清朝，苗族西江雷山地区本支系前长后短特色的十字型平面结构 |
| 施洞式 | | | 清朝，苗族台江施洞地区盛装本支系前长后短特色的十字型平面结构 |
| 台拱式 | | | 民国，苗族台江台拱地区盛装本支系前长后短特色的十字型平面结构 |
| 舟溪式 | | | 清朝，苗族施秉舟溪地区盛装本支系曲袖特色的十字型平面结构 |
| 八寨式款式一 | | | 清朝，苗族都匀地区盛装本支系前长后短特色的十字型平面结构 |
| 八寨式款式二 | | | 清朝，苗族都匀地区盛装本支系前长后短特色的十字型平面结构 |
| 黑石头寨式 | | | 民国，苗族贵州安顺地区盛装本支系梯形袖特色的十字型平面结构 |

图2-2（1） 苗族对襟衣十字型平面结构

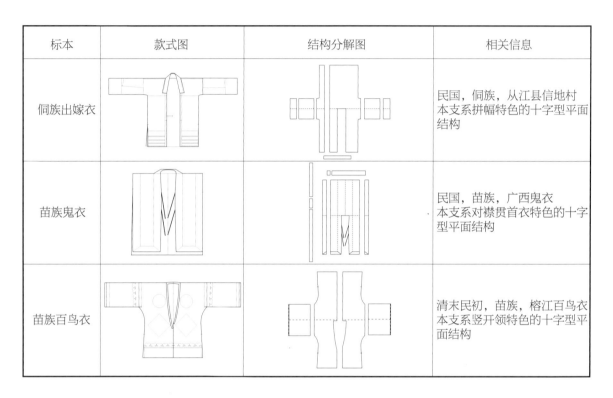

| 标本 | 款式图 | 结构分解图 | 相关信息 |
|---|---|---|---|
| 侗族出嫁衣 | | | 民国，侗族，从江县信地村<br>本支系拼幅特色的十字型平面结构 |
| 苗族鬼衣 | | | 民国，苗族，广西鬼衣<br>本支系对襟贯首衣特色的十字型平面结构 |
| 苗族百鸟衣 | | | 清末民初，苗族，榕江百鸟衣<br>本支系竖开领特色的十字型平面结构 |

图2-2（2） 苗族对襟衣十字型平面结构

# 三、大襟衣十字型平面结构

　　苗族大襟衣是从贯首衣、对襟衣到大襟衣民族融合的结果。贯首衣是苗族古老的服装，对襟和大襟是中华传统服装两种基本形制。苗族的大襟上衣和裤装，都受到汉族、布依族等其他民族服饰影响通过交流碰撞（特别是汉族）形成的，苗族大襟衣形制，与汉服基本相同。在封建王朝推行的同化政策和苗族内部所进行的服装改革的推动下，形成了大襟右衽和裤装组合为主流的面貌，从而树立中华民族"大同存异"的文化典范。苗族服饰由贯首衣到对襟衣再到大襟衣不断的演变进化，一方面跟苗族生活的地理环境息息相关，另一方面也说明苗族服饰汉化的痕迹越来越明显。大襟衣结构是由大襟和里襟构成，它以严整性而成为礼服，同时汉儒礼制也被引入，不变的是整体呈现出十字型平面结构。

　　贵州省关岭县、普定县、安龙县、六枝特区和都匀市、丹寨县等地的部分苗族妇女还有着斜襟左衽衣的情况，这是古称蛮夷"披发左衽"的遗存。在我国北方和西北地区游牧民族中，上装习用左衽衣，下穿裤。金元时期左衽流行，但由于汉俗趋势盛行，呈左右衽共治。明初官方曾明令禁左衽，但民族地区仍有穿着者，苗地左衽衣就是那个时期保留下来的。都匀市、丹寨县等地部分苗族妇女穿着方领斜襟左衽衣，方形领又称"袒领"，可追溯到唐代。丹都式斜襟左衽款式，虽然保留有一些唐代的遗风，但由于大襟和里襟复杂结构形成的左衽出现的时间较晚，所以苗族妇女的这种斜襟左衽衣可能形成于明代，因为它有明显苗汉融合的痕迹。松桃式大襟衣流行于贵州铜仁地区松桃县，自清代雍正年间实行"改土归流"[1]政策后不同民族服饰与当地汉族越来越相去无异并沿袭至今。衣身的整体形制为圆领右衽大襟，窄衣窄袖也变得衣肥袖宽，汉族风尚逐渐成为主体。不变的是以肩袖线为准前后衣片连裁，遵循"十字型、整一性、平面化"古典华服结构的规制（图2-3）。

---

1　改土归流：是指改土司制为流官制，把少数民族土司管理的方式，变成汉族官员管理的方式。土司即原住民的首领，流官由朝廷中央委派。

| 标本 | 款式图 | 结构分解图 | 相关信息 |
|---|---|---|---|
| 汉族 | 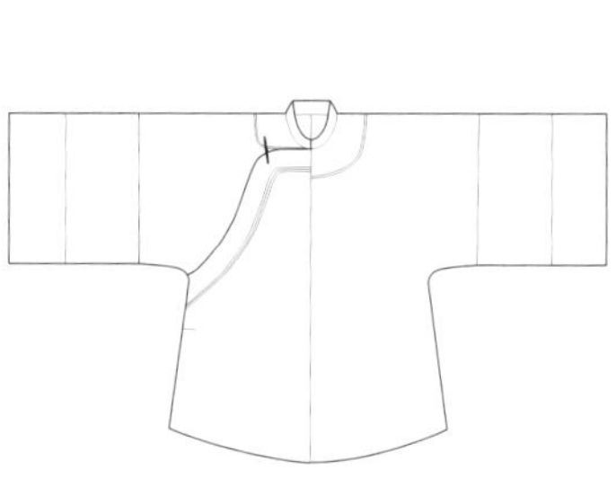 | 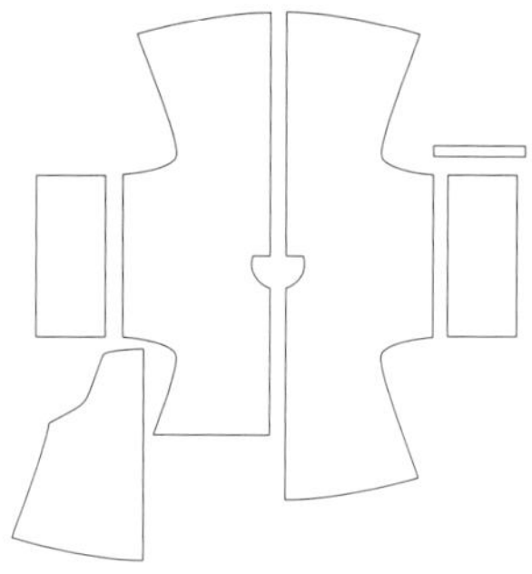 | 汉族服装的基本结构本族右衽大襟特色的十字型平面结构 |
| 松桃式 | 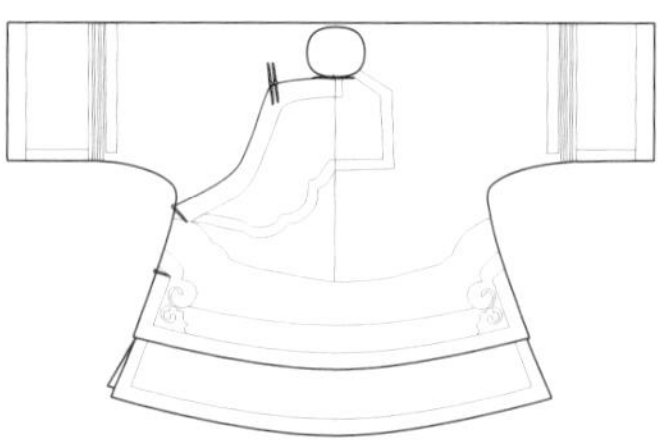 | 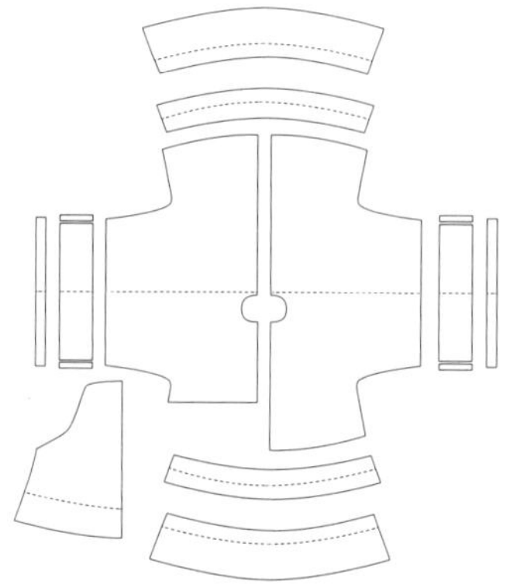 | 民国，苗族贵州铜仁松桃地区本支系汉化的右衽大襟特色的十字型平面结构 |
| 丹都式(丹寨和都匀) | 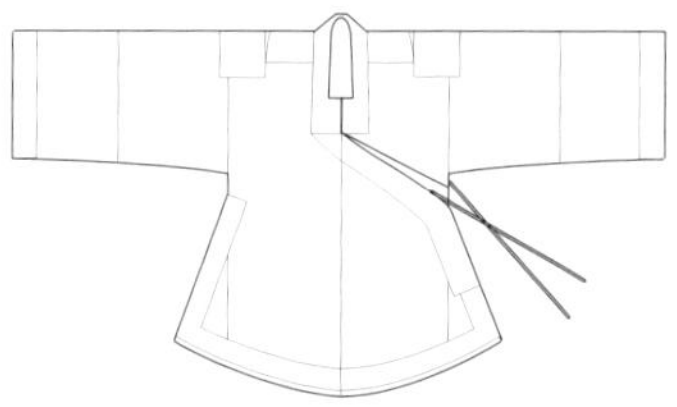 | 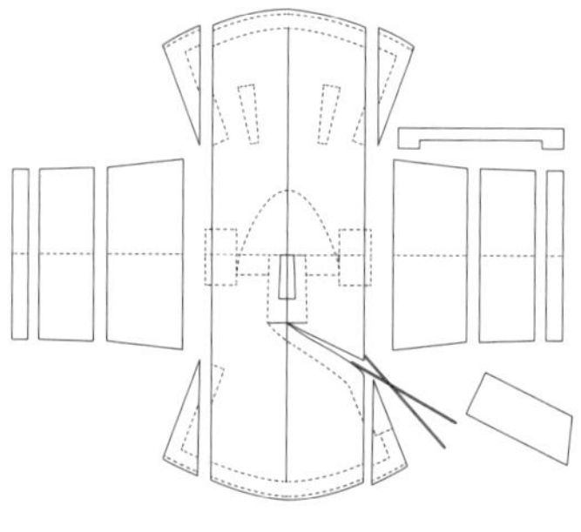 | 民国，苗族贵州丹寨扬武地区本支系左衽斜襟特色的十字型平面结构 |

图2-3 苗族与汉族大襟衣十字型平面结构的对比

节俭的朴素造物思想是人类的普世价值观。民族物质文化的进步取决于它的开放性和学习性。苗族大襟衣结构研究表明，文明发达地区的文化总是流向文明欠发达地区，也形成了中华服饰"十字型平面结构系统"的苗服范示，也是中华民族服饰文化谱系中的经典。

# 四、沿袭古老（对襟）交领衽式形制

　　交领衽式是传统汉服最典型的形制，历史悠久。从夏商时期的上衣下裳，到之后各代的深衣、襦裙、袍服制度等，事实上从战国以后古典华服出现的对襟、大襟都是从交领演变而来，交领右衽式是中国传统汉服的根本形制之一[1]。时至今日，在汉族中几乎绝迹的交领衽式形制的十字型平面结构却在大山深处的少数民族中传承下来。在本成果采集的标本中，这种结构几乎覆盖了苗族所有的支系，包括西江式、施洞式、台拱式、舟溪式、黑石头寨式、八寨式、苗族鬼衣等。从结构形态看，不难发现隐秘的中华服饰古老的信息。值得注意的是，标本静止状态下皆为对襟，领子呈一字型，即领子展开后结构为一字长方形，成型后领子表现出独特的三角造型，这种造型是中华古老服饰结构的"活化石"，盛行于唐宋，今天在日本和服中仍有很好的保留。苗衣对襟一字领与现代衣领的立体结构不同，它属于相对简单的平面结构（长方形），并没有把平面的材料制成空间曲面的立体，所以在制作的过程中常常喜欢在长方形的领缘上刺绣花纹，一方面是宽阔的领缘适合装饰，另一方面是千百年来苗族妇女一直把装饰部位放在领和袖上，起到提纲挈领的作用以明示氏族归属，衽式的方向只在穿着时有所考虑（图2-4）。

　　苗族对襟衣实际穿着时衣襟左搭右或者右搭左相交于腰间，产生一定的交叠量，适合不同的劳作，也满足了不同体型的人群穿着。事实上左衽还是右衽是有暗示的，通常一字领缘边左右长度相等，而有时出现右襟缘边长于左襟缘边，说明它是"右衽"（图2-5）。这种穿着方式不同于汉族传统的右衽交领的里外襟复杂结构，它是将对襟式上衣两襟斜着向上拉并束腰，穿着时以侧面开衩口为原点，前下摆从侧面移向前中，把多余的衣料转向前中，这样达到腰部合体造型的效果，使胸部多余的衣料转到领子并向后移，所以出现着装后领子向后倾的状态。这个过程就是腰部多余衣料转至领部，使上衣肩线与领子都向后移，使其不贴合人体肩部，日本和服亦沿袭这种结构形制。这样会使前身变短，所以交领穿法的对襟衣结构都会有前长后短的情况。值得研究的是，从现存的苗族服饰结构中窥见这种文化的传播和交流，服饰结构却始终保持十字型平面结构的中华系统（见图2-4和图2-5）。

---

1 刘瑞璞、何鑫：《中华民族服饰结构图考(少数民族编)》，中国纺织出版社，2013，第29页。

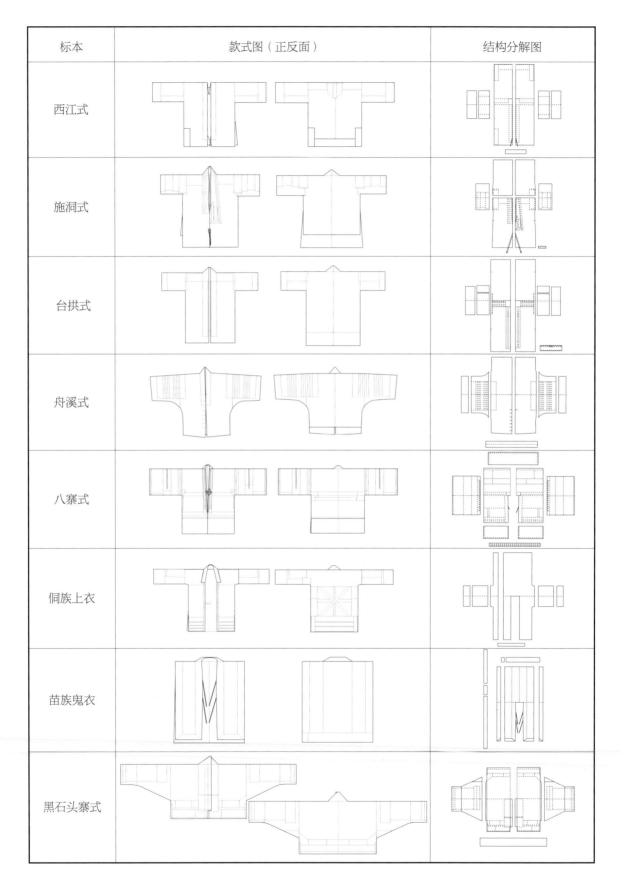

| 标本 | 款式图（正反面） | 结构分解图 |
|------|------------------|------------|
| 西江式 | | |
| 施洞式 | | |
| 台拱式 | | |
| 舟溪式 | | |
| 八寨式 | | |
| 侗族上衣 | | |
| 苗族鬼衣 | | |
| 黑石头寨式 | | |

图2-4 苗族支系标本（对襟）交领衽式结构

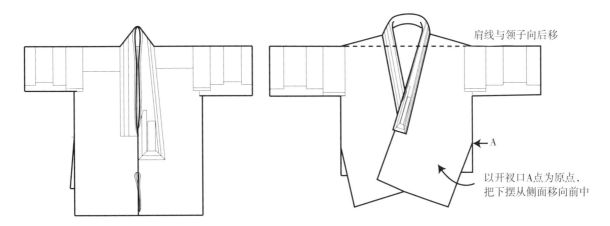

肩线与领子向后移

A

以开衩口A点为原点，
把下摆从侧面移向前中

图2-5 施洞式对襟衣着装时的交襟原理

　　苗族各支系间服饰同源共生，源远流长，大同存异。西江式领结构与其他
支系明显不同，后衣领低矮而向后坠，彰显着本支系独特的民族风格和族群特
征。除西江式领子向后坠外，其他支系领子结构相似，表现为独特的三角形领
子造型。

　　一字领结构是古老（对襟）交领的原始形态，包括领口缘边的形制与唐宋
对襟袍服结构相比几乎如出一辙。在大山深处，在漫长的历史中，苗族传承沿
袭了此结构，虽产生了演化变异，但基本结构形制未变，这说明远古的朴素认
知决定了朴素的造物形态。这一类型的西南少数民族服装沿袭着中原古老交领
右衽形制的十字型平面结构，从大中华的文化背景考察个体基因的角度，这种
结构传承沿用了我国最为古老且历代相承的上衣下裳结构，是南北方同宗同源
促成的中华服饰文明最古老的文化符号[1]。

1 刘瑞璞、何鑫：《中华民族服饰结构图考(少数民族编)》，中国纺织出版社，2013，第33页。

# 五、结语

　　苗族是一个不断迁徙的民族，从"涿鹿战败"到新中国成立，苗族由北而南，由东而西，长时间、远距离的迁徙从来没有停止过。苗族服饰是在生产劳动中产生的，在历史迁徙和生存环境适应中演化和发展的。苗族服饰的形成、演化不仅留下了苗族迁徙的足迹，同时也烙下了环境适应的烙印。苗族是一个历史悠久的民族，有着自己独特的民族文化，苗族的服装是苗族文化的重要组成部分。它的迁徙和悠久历史让苗族服装不论有多少形式，都是在苗族社会的内部和外部交流中产生、形成、演变，苗族服饰文化的独特性是族群之间应有的内在联系。我们对苗族服装的分类，不仅要看到各种形式之间的差异性，更应该看到，在中华民族内部，各种类型服装之间的同一性，其标志性因素就是"十字型、整一性、平面化"的华服结构典型规制。结构的统一性和趋同性，使无论哪种形制的服装，实际上都是十字型服装结构的变体，苗族服装正是中华民族多元一体文化特质物质形态的生动表现。

第三章

湘西型松桃大襟右衽衣

结构研究与整理

湘西型苗族服饰主要分布在湖南省的湘西土家族苗族自治州，贵州省的松桃、晴隆，四川省的秀山、酉阳，湖北省的鄂西土家族苗族自治州等地[1]。自清代雍正年间实行"改土归流"政策，政府颁令"服饰宜分男女"后，湘西地区不同少数民族与汉族在经济文化上的交流更加密切，当地的妇女逐渐由"红苗"[2]上衣下裙的装束改成上衣下裤形式，不同少数民族服饰与当地汉族服饰越来越相差无异并沿袭至今（见图3-1）。对贵州省铜仁市松桃县民国时期苗族妇女成套服饰标本的研究，为我们呈现出完整的技术面貌。对其进行系统的结构分析，发现整个结构形制充满着原始朴素的节俭意识，也看到了从裙装苗族到裤装苗族时代更迭的物质形态。

---

1 民族文化宫：《中国苗族服饰》，民族出版社，1985，第16页。
2 历史上湘西地区着装为上衣下裙，色调为红色，因此又被称为红苗。

# 一、湘西型松桃式大襟右衽衣结构研究与整理

　　松桃式是湘西型苗族服饰的典型之一，从整体结构到纹饰图案都表现出明显的汉化风格。标本上衣为圆领右衽大襟衣，衣身由黑色绸缎制成，襟、袖、下摆、裤脚等缘饰均有以平绣为主的折枝花鸟纹图案，为典型的苗汉融合纹样，天寒时在上衣外罩坎肩（本套标本缺失）。形制上因其裤装搭配特征又被称为"大襟右衽裤装型"。苗族服饰从裙装到裤装的更替，主要是受到汉族和其他兄弟民族服装的影响，大襟右衽衣从汉族袍服演变而来，是苗族服饰中最早吸收汉族服饰文化特点的实证（图3-1）。根据纹饰、服装款式特点和采集标本的地理位置等因素判断，其为典型的湘西型松桃式类型，除湘西外主要以贵州松桃自治县为代表，流行于贵州省松桃，重庆市秀山和湖南省凤凰、麻阳、吉首等　 地[1]。因此，研究其结构对认识苗族与汉族传统服饰结构的多元性与交融性具有重要的实证意义和文献价值。

a 古代红苗装束[2]　　　　　　　　　　b 汉化后松桃红苗装束[3]

图3-1 松桃红苗装束的图像文献与现实对比

1 吴仕忠：《中国苗族服饰图志》，贵州人民出版社，2000，第225页。
2 图片来源于清代彩绘本《苗族生活图40幅》，第12页。
3 图片来源于吴仕忠的《中国苗族服饰图志》，民族出版社1985年出版，第226页。

## 1. 主结构测绘与复原

该支系自称"果熊"，旧称"红苗"[1]，是依据其妇女传统衣饰尚红而赋予的族称，如今衣饰颜色已明显发生变化（见图3-1）[2]。清末，这支苗族因受汉文化的影响开始易裙为裤。大襟右衽衣标本为贵州凯里"张系藏本"的私人收藏，是典型的配裤套装。衣身的整体形制为圆领右衽大襟，窄衣窄袖也变得衣肥袖宽。以肩袖线为准前后衣片连裁，遵循"十字型、整一性、平面化"古典华服结构的典型规制，最独特之处是它前后的双摆双衩。标本有衬里，里襟短并有折边。前后双摆两侧开衩，呈台阶结构。无领领口包有绲条，这是清朝旗人袍服的形制。松桃大襟右衽衣把中华服饰文化的传承性和包容性体现得淋漓尽致。受地域环境及周边民族的影响，松桃服饰形制的改变又保持着强烈的民族性，如双摆叠绣的缘饰堪称西南民族独一无二的文化元素，与当地各民族保持着"大同存异"的服饰文化范式（图3-2）。

---

1　红苗这一名称，最早见于《明时录》和郭子章《黔记》，由于旧时服装尚红有原始宗教的因素而赋予的族称，不宜改变，现如今服饰尚黑，依旧被称为红苗。
2　杨庭硕、潘盛之：《百苗图抄本汇编（上卷）》，贵州人民出版社，2004，第85页。

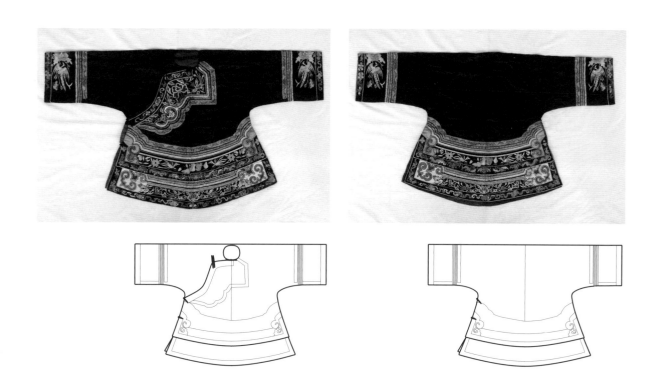

图3-2 松桃大襟右衽衣标本及款式图

标本主结构面料为青色绸缎，绸缎有提花纹样。根据标本数据及结构复原图分析，衣身前后中破缝，且为布边，里襟前后中破缝也为布边，故可用窄缝份约为0.5cm，每针的针距约为0.2cm，工艺相比其他支系精巧细致。肩、衣襟、袖口、下摆及裤脚均缀饰边或绣花，前后下摆均有双层刺绣装饰，盘扣5粒。袖缘由三阶绣饰组成，总宽度到袖接缝处，衣身前后中心线到袖接缝的距离为52cm，前后底边宽度相同，1／2的底边宽度约为42cm，说明标本的布幅宽大约为52cm，从无装饰衬里结构测量也得到证实。里襟下接摆有连裁翻折贴边9cm。上衣身前后中破缝，采用布幅"整裁整用"通身通袖的十字型平面结构，大面积的襟缘、袖缘和摆缘饰边基本上掩盖了接缝线，使服装整体呈现浑然一体的效果。这种充满节俭的结构形制与缘饰手法的完美结合堪称苗族服饰的美学典范（图3-3、图3-4、图3-5）。

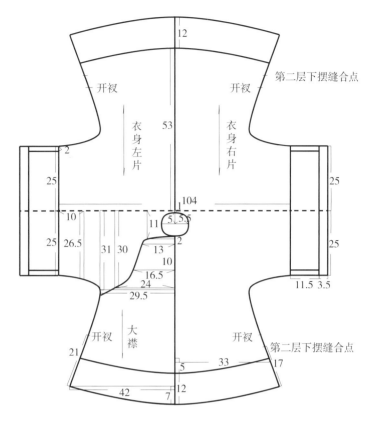

图3-3 松桃大襟右衽衣主结构图复原

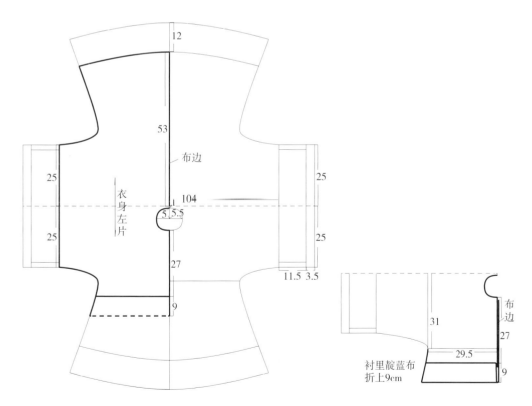

图3-4 松桃大襟右衽衣里襟与衬里折出贴边连裁结构图复原

（注：结构图中数字的计量单位均为厘米，全书相同。）

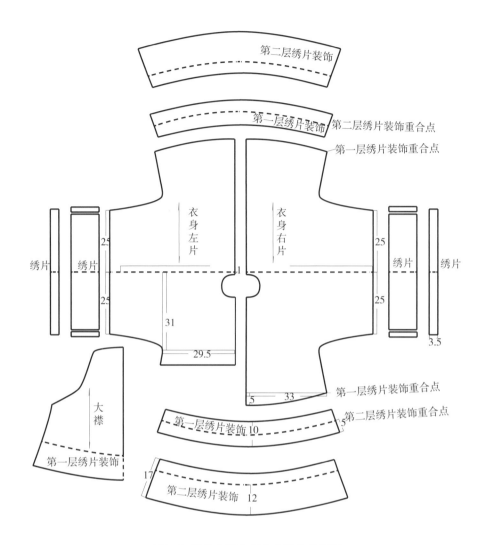

图3-5 松桃大襟右衽衣主结构分解图

### 2.衬里结构测绘与复原

衬里结构同主结构形制基本相同。衬里面料为自织自染的靛蓝土布。土布是清末民初民间流行的纺织品，厚实朴素，用于衬里制作既可降低成本又有良好的保暖性。在面料的选择上内外有别也体现出外华内俭、表尊里卑的设计理念。衬里里襟中缝为布边，到袖接缝之间为52cm，1／2的底边宽度为42cm，与主结构相同，两个接袖宽各为21.5cm，约等于半个布幅宽，加上缝份量，整体接近52cm，故可推定衬里靛蓝布的幅宽约为52cm（图3-6、图3-7）。

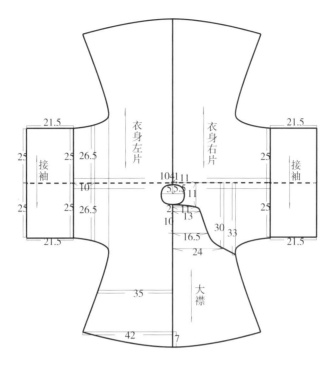

图3-6 松桃大襟右衽衣衬里结构图复原

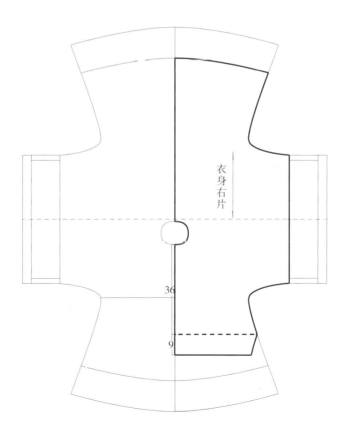

图3-7 松桃大襟右衽衣衬里里襟结构图复原

### 3. 饰边结构测绘与复原

清代服饰可以说是古典华服轻裁剪重工艺的集大成者，装饰风格趋向繁复，在服装上就有"十八镶绲"之说的繁缛工艺。这一汉式工艺不仅被苗绣借鉴，加之苗绣传统本就复杂多变，这在松桃苗族服饰标本上表现得比汉族有过之而无不及。大襟重绣和双摆叠绣追求繁复的装饰风格是苗族服饰独一无二的，这种装饰手法的形成与服装结构有着不可分割的关系，甚至结构决定着装饰的走势。如双层下摆，上层因有两侧开衩从端口设置半如意纹，前后身同步设置，使侧衩前后可拼成完整如意纹；下层的装饰焦点移到了两个转角位置，更适合用完整如意纹。而大襟的曲线结构刚好适合如意纹的曲线廓形，这便成为松桃型苗衣装饰的主题。它内填的装饰图案大量使用喜鹊、梅花、龙、凤等，有表达吉祥的寓意，又以莲子、石榴、花生等象征多子多福的观念，刺绣手法主要采用平绣。无疑这些装饰手法强烈地表达出苗汉文化融合的博大与精妙。装饰手法写意与写实结合得天衣无缝，每一种物象追求具体的刻画，又多取其意，从而达到纹必有意，意必吉祥，造就了艺美之匠妙不可言的人间精品（图3-8）。

绲边是古典华服中常用的工艺，丝绸面料滑爽但不易加工，标本可媲美古典华服，也说明苗汉文明不仅在文化上，在技艺上也有广泛充分的交流传统。标本绲边工整、圆顺、宽窄一致，缘饰既有装饰作用，又有使边缘光洁、加固的实用功能[1]。整件衣服为全手工缝制。平绣是所有刺绣技法中的基础，苗绣也不例外。它的特点是单针单线，根据图案纹样特点，将丝线从轮廓的一端起针，到轮廓的另一端落针，挨针挨线，针脚并列均匀顺序排列，用彩丝线将图案轮廓布满[2]。平绣工艺的绣品，绣制前大多都有纹样或图案，苗绣多用剪纸纹样，可以直接把图案画在绣布上，绣品纹路平整光滑，看起来细腻精致。双层下摆刺绣是该标本最精彩之处，第二层下摆在第一层之下错位拼接，穿着后的视觉效果像是同时穿了两件服装，无论哪一层有磨损都可以任意更换或剪掉，以此延长整衣寿命。这种多层样式在中华传统服饰文化中总是暗示着富贵

---

1 刘瑞璞、何鑫：《中华民族服饰结构图考(汉族编)》，中国纺织出版社，2013，第117页。
2 鸟丸知子：《一针一线》，中国纺织出版社，2011，第93页。

a 衣服全貌

b 双层下摆

c 大襟领缘

d 下摆饰边

图3-8 松桃大襟右衽衣刺绣装饰及细节

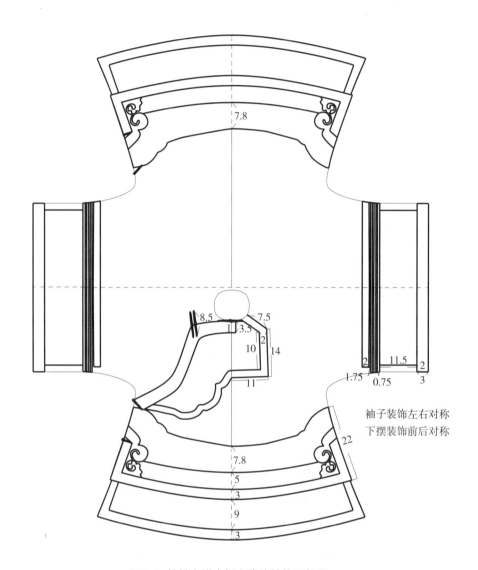

图3-9 松桃大襟右衽衣缘边结构图复原

绵长，而在生活实践中，延续它的寿命才是硬道理，由此造就了"俭以养德"
中华哲学的传统伦理。因此中华服饰的装饰思想，与其说是为了美观，不如说
让这种一针一线的"锦绣前程"更长地伴随主人的一生。因为它承载了比美观
更重要的"伦德养成"，这就需要把最美好的刺绣工艺装饰在衣服最容易磨损
的地方，这就是为什么襟缘、领缘、袖缘、摆缘多装饰的原因。松桃苗族服饰
标本就呈现了这一中华经典的装饰理念（图3-9）。

# 二、松桃杆栏裤结构研究与整理

标本松桃"红苗"服饰为上衣下裤套装，裤脚饰以花边，形如"杆栏"，亦称杆栏裤。传统苗族女下装彩裙有"数匝百褶"，据清《松桃厅志》记载："女着裙，裙多至数匝百褶，翩跹甚风。"清《凤凰厅志》也说："苗女以锦为裙，而青红道间，亦有钉锡铃，绣绒花者，两三幅不等[1]。"汉化后松桃服饰与周边汉族装束无异，改裙为裤或裙裤共治，至今如此。

## 1. 主结构测绘与复原

杆栏裤形制虽受汉俗缅裆裤影响但具有鲜明的苗族特色，这就是杆栏花边。标本整体有衬里，面料、配料和花纹图案、刺绣风格都与上衣一致，这些讲究完全不亚于汉地同时期作品。面布为绸缎，衬里和腰头为靛蓝土布，整体绸缎、靛蓝土布和杆栏（绣片）的分布设计不仅考虑牢固、耐磨且有良好的观赏性。裤子造型呈A字型，其肥腰肥臀的特点，使腰围无论大小都能顺利穿着和便于运动，更重要的是它与上衣一样成为善用布幅"整裁整用"的智慧之作（图3-10）。

标本裤身由5片绸布、1片腰头靛蓝土布和2片杆栏绣片组成。结构采用"太极式"平面剪裁，即前左腿取整转向后腿用一个布幅裁剪，后右腿取整转向前腿用一个布幅裁剪，左右腿亏片余布补齐，因此这种结构最大特点是没有侧缝，一切裁片都在一个布幅内"整裁整用"。这个结论是通过标本结构复原发现的，左右腿对应的前后斜向接缝线一定跟相对裤侧折痕线平行，且均为布边得到的。腰头结构完整，两侧没有破缝，只在后中断开以区分裤子前后。在前中心与腰头接缝处有一个小三角插片，反面则没有，但也要通过连裁的方式补上。它有两个作用，一是补齐拼接线不足部分，二是使前后腰线保持规整平衡，与腰头拼接更顺畅。当然，这也是充分利用长时间积累下来的边角余料形成这种节俭意识的反映[2]。根据标本综合测绘数据分析，标本结构是在一个布幅内通过平面太极式折叠裁剪成具有运动的空间造型，A与A'片连裁向后折叠，B与B'片连裁向前折叠。它们最宽处为65cm，且为布边，加上缝合量

1 杨昌鸟国：《苗族服饰》，贵州人民出版社，1997，第39页。
2 刘瑞璞、何鑫：《中华民族服饰结构图考(少数民族编)》，中国纺织出版社，2013，第77-82页。

前　　　　　　　　　　　　　后

图3-10 松桃杆栏裤标本及款式图

　　0.5cm的缝份，绸布幅宽约为66cm。这种设计充满着"折纸成器"的智慧，将面料的使用率发挥到极致。这种"敬物尚俭"的造物理念，甚至从先秦到宋都有实物出土[1]，并在苗族松桃杆栏裤中呈现（图3-11、图3-12）。

---

1　湖北江陵马山一号楚墓出土了"緅衣""绣绢锦袴"（沈从文《中国古代服饰研究》）。新疆民丰一号东汉墓出土了"茱萸纹杆栏裤"。内蒙古兴安盟科右中旗代钦塔拉辽墓出土了"绢两侧开缝三角裤"（黄能福等《服饰中华》）。

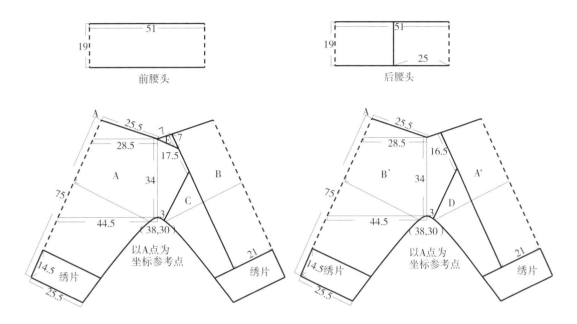

图3-11 松桃杆栏裤主结构图复原

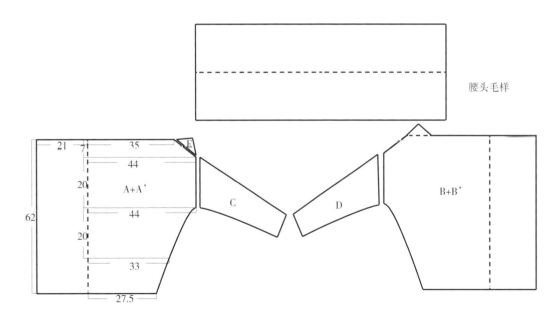

图3-12 松桃杆栏裤主结构分解图

## 2.衬里结构测绘与复原

标本衬里为靛蓝土布，因布幅窄直接采用一个布幅对折后分别与面里腰线缝合。衬里整体结构由F、G、H、I、J、K 6片组成。腰头和杆栏绣片表里为一体。衬里结构与主结构（面布）不同的是，裤腿两侧对称独立成片，这与土布幅窄有关。在裤腿的前后中部破缝，形成F片与F'片为整幅和K片与K'片为整幅的长方形，它们的宽度为41cm，小于布幅的52cm，这和腰头宽度、上衣相同土布衬里从前中到袖接缝的距离相等，说明裤子与上衣的靛蓝布幅相同而整合剪裁，配合幅宽"整裁整用"，提高面料的利用率。这种中华传统独特的缅裆裤结构在裆部有充足的余量，能保证大运动劳作时所需要的活动量，所产生裤裆大量的褶皱也不能避免。正因如此，西方主流设计师刚好利用这一点，创造了现代版的缅裆裤"哈伦"裤，但它并没有使用，也不可能使用"整裁整用"的方法，因为今人早已没有了我们的先民"敬物尚俭"的笃信精神了（图3-13、图3-14）。

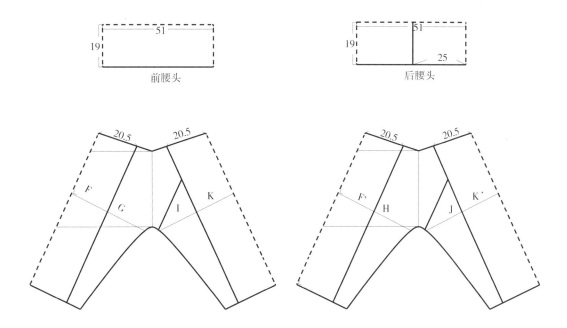

图3-13 松桃杆栏裤衬里结构图测绘

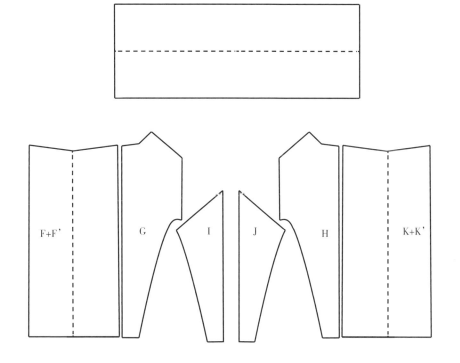

图3-14 松桃杆栏裤衬里结构分解图

# 三、标本排料实验

　　从标本的测绘数据和结构图复原分析，松桃大襟右衽衣在苗族服饰历史的坐标系中属于服装发展高级阶段的"剪裁型"苗衣，贯首衣结构是苗衣的传统型，采用"折纸型"的"几何级数衰减算法"，直线结构是它的基本特征。"剪裁型"显然是汉化的结果，构成服装的布片出现几何形，如曲线、斜线和不规则四边形等。但无论什么线、什么型，严密缝合是必须要考虑的，松桃苗族服饰具有这些特点，也是苗族服饰"剪裁型"的典型样本。对其进行全息数据采集复原和排料实验，这本身就有文献意义，也为学术研究提供一手材料。从标本综合数据与实物结构特点分析，绸缎面料主结构前后中破缝且为布边，里襟的前中线亦为布边，从前后中心线到均为布边的接袖线距离为52cm，前后底边宽度相同，1／2的底边宽度为42cm，说明标本幅宽约为53cm。裤子结构亦遵循"整裁整用"的方法，裤子的最宽处为65cm，推定布幅宽约为66cm（65cm加上缝份的损耗量），这说明上衣和裤子分别在两个布幅中裁剪，也可能在一个相同宽的布幅通裁，本实验用的是"通裁"（图3-15）。上衣衬里结构与主结构一致，说明衬里布幅宽也在52cm左右，但材质不同，裤子的最宽处为41cm，这种情况与主面料相似，也说明标本布料为手工织造而幅宽参差不齐，因此有可能依各自布幅裁剪，也有可能在一个大的布幅中通裁，排料实验选择了后者（图3-16）。依据最大程度地利用面料、保持布幅完整性的原则，做模拟裁剪的实验排料图，实验要求必须与标本所有裁片边缘是否为布边一一对应，以保证实验的合理性与还原的真实性。根据排料复原实验的结果计算，绸缎面料约用3.8m，靛蓝土布面料约用6.5m，这些数据是否准确，还需文献和技艺人的调查，但至少提供了一种可能。

　　有一点是确定的，测量数据和结构图复原显示，标本结构和分割形式都与布料的幅宽密不可分，在松桃大襟右衽衣中采用"十字型平面结构"是汉化的结果，不变的是分割线是基于幅宽的自然流露而非刻意制造，这是节俭意识的艺术化体现。从裤子无侧缝、拼接斜线、小三角插片的细节处理，也处处体现节俭的设计理念，然而不通过排料实验就无法发现、理解和认识先人的造物动机和结构形态的关系。

1　杨昌鸟国：《苗族服饰》，贵州人民出版社，1997，第46页。

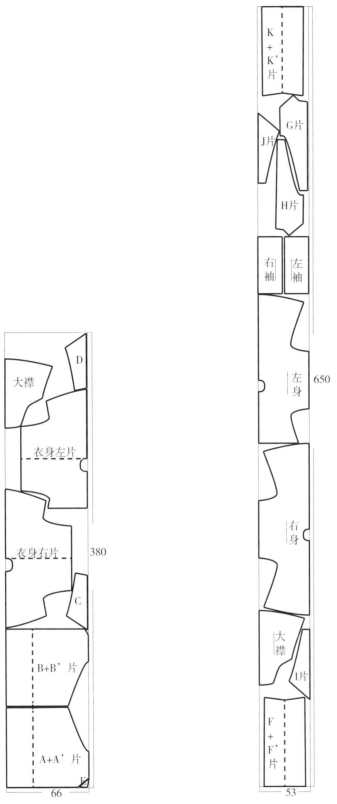

注：标注字母的裁片为裤子结构裁片　　注：标注字母的裁片为裤子结构裁片

图3-15 松桃套装主结构排料实验（绸缎）　图3-16 松桃套装衬里结构排料实验（靛蓝土布）

# 四、结语


  松桃苗族服饰从历史上的"上衣下裙"到现如今的"上衣下裤"的改变，从百褶裙到杆栏裤的变化，在面料的使用上裤子比百褶裙节省得多，从服装结构上计算裤装要比裙装面料节省70％以上。可以说松桃妇女服饰与汉族融合后"易裙尚裤"的着装方式，是苗族服饰近现代结构形态进化的一个缩影。节俭的朴素造物思想是人类的普世价值观，但又有地域的制约而产生民族性。民族物质文化的进步取决于它的开放性和包容性，松桃服饰结构研究表明，文明发达地区的文化总是流向文明欠发达地区，也就催生了一个从裙装到裤装的时代更迭，形成了中华服饰上衣"十字型平面结构系统"和下裤"太极式平面结构"一体多元的双摆叠绣衣和杆栏裤的苗衣范示。它和远古的贯首衣、先秦的深衣、汉唐的大袖袍、明清的盘（圆）领袍、近现代的旗袍一样，也是中华民族服饰文化谱系中的经典。

# 五、本章标本信息图录

## 1. 松桃右衽大襟衣标本信息图录

**基本信息**

时间：民国

产地：贵州铜仁市松桃县

形制：上衣下裤成套

来源：私人收藏

正视

背视

襟缘刺绣装饰

左袖缘刺绣纹饰（左右袖对称）

右袖缘刺绣纹饰

右侧缘刺绣细节

前下摆缘刺绣纹饰（前后下摆对称）

前左摆缘刺绣细节

前左双摆缘结构细节

前右摆缘刺绣细节

前右双摆缘结构细节

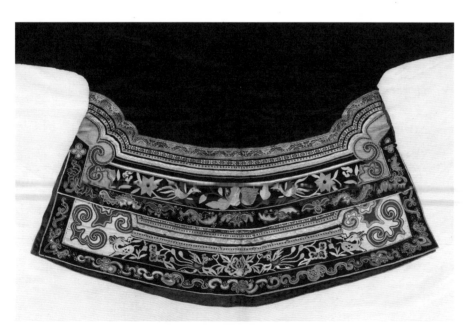

后下摆缘刺绣纹饰

后左双摆缘结构细节

后左摆缘刺绣细节

后右摆缘刺绣细节

右衽大襟结构打开状态

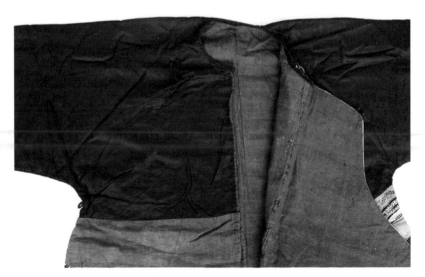

里襟结构细节　　　　　　　　　右衽大襟结构细节

## 2. 松桃杆栏裤标本信息图录

**基本信息**

时间：民国

产地：贵州铜仁市松桃县

形制：上衣下裤成套

来源：私人收藏

正视

背视

正视左裤脚刺绣纹饰

背视左裤脚刺绣纹饰

正视右裤脚刺绣纹饰

背视右裤脚刺绣纹饰

腰头结构细节（裤腰为粗棉布，裤身为提花面料）

提花面料细节（上衣和裤子均采用）

第四章

黔东南清水江型交襟衣

结构研究与整理

清水江型[1]是以贵州黔东南地区凯里市、雷山县、台江县等沿清水江而居的苗族服饰造型风格命名的，它原生态的结构形制，是被学界忽视的重要特征，也是最具学术研究价值的。清水江型为上衣下裳制，对襟衣长度在膝盖以上，穿着时采用右衽或左衽交领在腰间系带。目前考古学上在安阳殷墟出土的玉人的衣着就是这种形制：衣作交领，腰有束带。"裳"字也写作"常"，《说文·巾部》："常，下帬也"，"帬"即"裙"的古体字。战国时，赵武灵王进行服装改革，主要就是废除这种上衣下裙制，改为上衣下裤制。不过这种服制仍然在社会上流传穿用，在宋、明时期的绘画和考古出土的陶俑上都可以看见[2]。清水江型对襟衣款式多样，但交领、无扣，腰间系带等都是上衣下裳制的基本特征。系统的苗族服饰结构信息缺少实验性的数据考证和面貌呈现。对清水江地区典型苗族服饰标本结构做系统研究，成为破解苗族"交襟衣"结构设计方法的关键。对标本结构数据进行全息采集、测绘与复原，初步呈现其"规格化"和"整裁整用"的敬物理念是苗族"交襟衣"结构的主要设计方法。

---

1 黔东南主要的江河流域有都柳江与清水江，称依此河流而居的服饰文化为都柳江型与清水江型。清水江流域的服饰形制多为对襟交领、右衽或左衽、筒袖上衣配百褶裙，主要分布在清水江沿岸的台江县、剑河县、雷山县、凯里市、黄平县等。
2 席克定：《试论苗族妇女服装的类型、演化和时代》，《贵州民族研究》2000年第2期。

# 一、清水江型西江交襟左衽衣结构研究与整理

　　西江交襟左衽衣是清水江型苗族服饰的典型样式之一，主要分布在雷山县西江镇、丹江、永乐、大塘，凯里市的挂丁，台江县的羊排等乡镇[1]。标本在结构上呈对襟，穿着时用交襟左衽，这是苗族服饰中最古老和最具代表性的结构。其形制从贯首衣演变而来（海南苗族仍保持这种形制），是苗族服饰的活化石。标本来源于贵州凯里私人收藏的传世品，产地为凯里市雷山县，根据标本质地、做工和图案装饰风格等因素确定为清代晚期女子盛装服饰，为典型的清水江型西江式类型。

## 1. 交襟左衽衣主结构测绘与复原

　　交襟左衽衣是苗族盛装"雄衣"的典型形制，苗语称"欧毕"，意即雄性衣，在结构上男女没有区别[2]，主要在重大节日、走亲、婚嫁、丧礼时穿着。判断标本雄衣穿着时交领左衽是因为左侧开衩有绣片而右侧没有，用左衽交领襟绣和衩绣可以完整地呈现，右衽则不能，再通过左侧带系结固定，后衣领低垂而向后坠，类似日本的和服领。雄衣有衬里，衣身结构规整，绣片图案繁复，且保持左右前后对称。两边四方袖、双襟、衣领、肩部、下摆和开衩均有锦绣缘边。标本以青色土布为主面料，饰有红、绿相间的龙、蝴蝶、花卉等纹样，绣片刺绣常用绉绣、锁绣、辫绣等（图4-1）。

　　标本面料为自织自染的青色平纹布，该支系因尚黑也得名"黑苗"[3]。这种尚黑的服饰还跟西江的自然环境有关，有利于隐蔽性的狩猎活动。

　　标本主结构由衣身、袖子和领子三部分组成，衣身和袖子被分割成A、B、C、D、E、F、G、H、I、J 10片，加入单独的领子共11片。领子面料与衣身面料一致，领片为长方形，长31cm，宽7cm，领片两端均为布边，故领宽即为布幅宽。衣身前后中破缝，前后身连裁，左右身A、B片接缝处均为布边，故各为一个布幅。袖子无肩缝，左右袖片由C、D、E、F、G、H，6片组成，E、F、G、H为衣身面料，纱向跟衣身面料纱向成90°，为横纱，C、D

1 吴仕忠：《中国苗族服饰图志》，贵州人民出版社，2000，第2页。
2 杨正文：《鸟纹羽衣》，四川人民出版社，2003，第21-23页。
3 杨昌鸟国：《苗族服饰》，贵州人民出版社，1997，第46页。

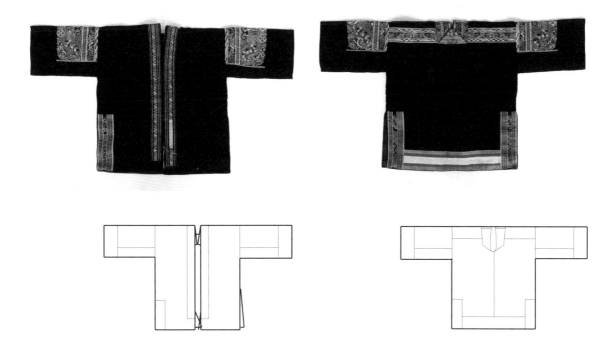

图 4-1 雄衣标本及款式图

片为单独绣片，左右接袖的4块面布E、F、G、H相加刚好是一个布幅。左右袖口I、J片（加上贴边部分）均为半个幅宽。测量数据和结构图复原显示，标本结构分割设计都与布料的幅宽密不可分，可归纳为"几何级数衰减算法"，是苗族交襟左衽衣"零消耗"结构设计的直接实物证据（图4-2）。

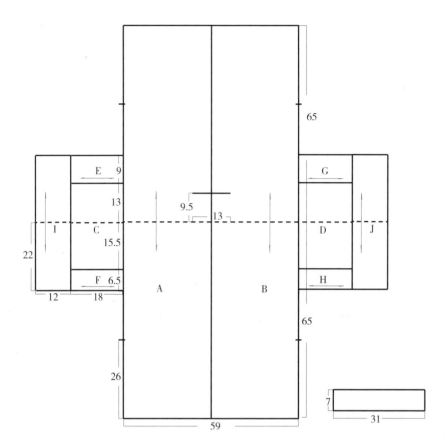

a 雄衣标本主结构图复原

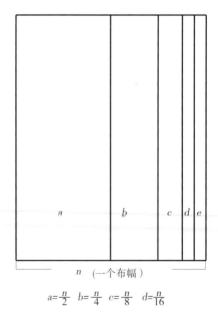

$$a=\frac{n}{2} \quad b=\frac{n}{4} \quad c=\frac{n}{8} \quad d=\frac{n}{16}$$

b 几何级数衰减算法

图 4-2 雄衣标本主结构图复原及几何级数衰减算法

## 2.衬里结构测绘与复原

标本衬里面料为自织自染的靛蓝色平纹布，衬里为两种颜色面料，I、J为折边，和主面料一致为青色，是与袖片I、J连裁的延长部分，折进2cm，相当于连裁贴边，故没有袖口缝。这种设计的考虑是，既可以用半幅布，又可以使袖口尽可能不暴露衬里，从而达到节俭与美观的统一。衬里与面布不同的是，衣身L、M片和袖里K、N片四个部分均为相同纱向的靛蓝布，刚好使用四个布幅。从衬里结构测绘与复原情况看，完全与主结构保持整体一致，且衣身L、M片与接袖K、N片宽度相等，约为31cm。可见衬里是用了四个布幅完成的结构设计。复原排料图与主结构相同，亦呈现"零消耗"（图4-3，参见图4-6、图4-7）。

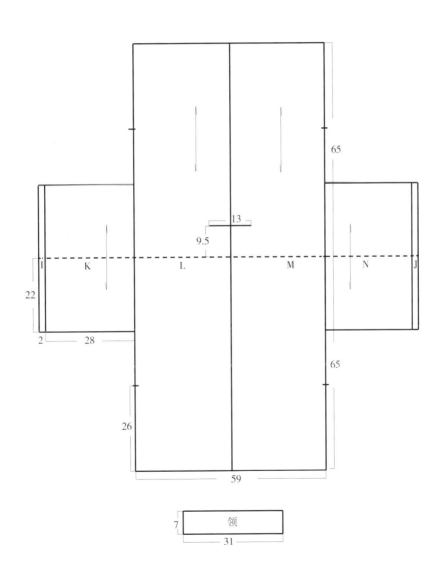

图 4-3 雄衣标本衬里结构图复原

### 3.饰边结构测绘与复原

"雄衣"的人文信息主要表现在纹饰图案中。自远古至明清，苗人的氏族部落基本上都在战争与不断迁徙中发展壮大的。为了显示和保持不屈的精神，纹饰图案成为记录战绩和部族历史的图符，战服慢慢演变成雄衣，纹案也成为保持氏族成员诸多战服的痕迹，也成为苗族记录部族历史的符号。值得注意的是，图案的分布是依据"布幅决定结构形态"的格局经营位置，但也有它的独特性，如袖中、后领、前左衽施加绣片是打破常规的，且明显表现出图腾观念。

作为盛装雄衣的饰边并非装饰，它主要有两种功用，一是表达氏族的图腾标志，即族属的认同符号；二是保护和延长服装寿命，亦继承着节俭的造物传统。因此，饰边主要分布在肩部、袖口、开衩、下摆、衣领等处。这些地方往往比较容易磨损，他们借助刺绣装饰把服装进一步加固，磨损不能使用时还可以更换，提升服装的使用价值及保存时间。绣片的绣法多采用绉绣和辫绣。辫绣的技法主要是在贵州雷山地区生活的苗族使用。刺绣时先将剪纸纹样贴在绣布上，将所用的彩线（一般是8根、9根或13根）用手工的方式编织成3mm左右宽的编带，再根据图案轮廓要求，按照一定的纹理，由外向内将辫带固钉，缠满在基布上即得成品。这种绣法的效果浑厚粗犷，如同浮雕一般[1]（图4-4）。

饰边刺绣是不同部位的独立绣片，在未制成成衣的状态下，饰边与服装都是单独制作的，采用先绣后缝的方法，在缝制服装前，所有的绣片均已绣馨。这样无论是衣片还是饰边出现损坏，可以将它们拆洗后重新用到完好的雄衣上。因此，苗族服饰形成重工艺轻裁剪的特点，一件衣服制作的时间大部分用在绣片上。在裁剪上并不需要花费太多的时间，必须节省时间。基于"物尽其用"的考虑，最有效的设计方法就是依据布幅的"几何级数衰减算法"，形成了结构决定饰边的布局。饰边同样依衣身结构保持左右对称，唯一区别在于前身右开衩缺一饰边，这是因为穿着时交襟左衽衣襟遮挡而被省略（图4-5）。

---

1 鸟丸知子：《一针一线》，中国纺织出版社，2011，第80-82页。

78    苗族服饰结构研究

图 4-4 雄衣标本辫绣局部

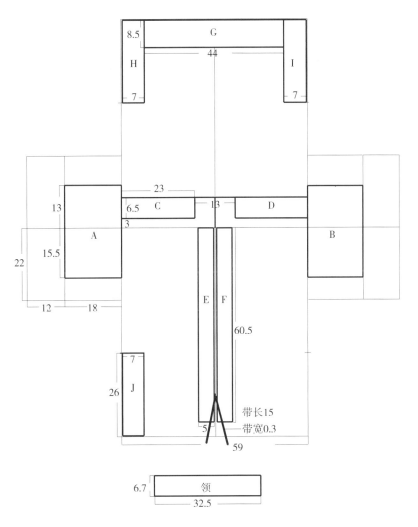

图 4-5 雄衣标本绣片饰边分布与结构复原

### 4.标本排料实验

在雄衣标本衣片排料实验中发现，交襟左衽衣属于有织有缝的"缝制型"[1]。布幅决定结构设计主要采用"规格化"和"整裁整用"方法，即几何级数衰减算法。一件完整的雄衣结构依据几何级数衰减算法形成"规格化"裁片，制作的过程不产生任何的边角余料，真正达到裁剪零消耗要求。

整件标本共有两种面料，青色和靛蓝色土布。因其结构简单且布边明显，可通过直接观察、触摸判断其各部分裁片布边及缝份情况，因此不难理解标本幅宽、纱向等信息，以此制定复原排料方案。根据几何级数衰减算法，青色土布分割成A、B、E、F、G、H、I、J 8片（C和D为绣片），加上单独的领子共9片，领子左右两端均为布边，所以领长即为布幅宽31cm，使用面料约为329cm，损耗量为零（图4-6）。衬里靛蓝土布裁剪成L、M、K、N 共4片，消耗面料约为348cm（图4-7）。在模拟排料实验中，所有的裁片布边情况跟标本数据测绘保持一致，以增强实验结果的合理性及还原的真实性。排料实验表明，整件标本共消耗面料约677cm，使用率达到100%。实验数据显示面料"整裁整用"是雄衣的主要设计方法。这种方法是以人适应面料的幅宽展开的，揭示了古老而朴素的"人以物为尺度"的造物理念。

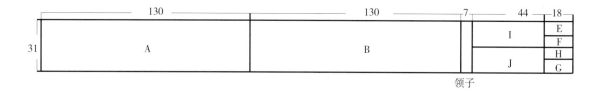

图 4-6 雄衣标本青色土布排料图复原（面布）

图 4-7 雄衣标本靛蓝土布排料图复原（衬里）

---

1 缝制型：其特征是构成服装剪裁的布片全是标准的几何形，如矩形、三角形。参见1985年贵州《民族志资料汇编·苗族》第五集第428页杨采芳文。

## 5.雄衣结构的节俭设计

苗族服饰是在不断迁徙与战争中逐渐定型的。当时苗家人制衣水平低下，工具简单，服装的布料都是自纺自织自染获得，通常一匹布6丈长(2000cm)[1]需要经过几十道工序，往往需要2~3个月完成。一件交襟左衽衣要用约6.8m布，制作一条百褶裙需要十几米布。由于苗族服装面料是用传统织布机织造，在有限的幅宽上，服装结构的形成与最大限度地使用布料的幅宽密不可分。因此服装没有严格的尺寸规定，同款类型服装的尺寸差异最多可达3~5cm，这是因为手工织造的布幅在这个差数之间[2]。可见"敬物尚俭"是自然经济社会形成的普世价值观，重要的是，它成为中华优秀的文化传统和民族基因。布幅的整幅使用不仅决定雄衣结构形态，还影响了结构的细节处理。从雄衣标本结构图的复原情况来看，在裁剪分割时按照整幅布料等比剪裁，这就是几何级数衰减算法的智慧：衣身用2幅，接袖4块面布使用一个幅宽，袖口各为半个幅宽，这就出现了"四拼一""二拼一"的巧妙计算。同样的节俭设计也表现在袖口的处理上，通过主结构与衬里结构的复原，主结构袖片折进2cm，相当于连裁贴边，使整件服装没有袖口缝，这种设计使袖口既不暴露衬里又能让布料整幅使用，既提升面料的使用率又让节俭与美观共生。

无疑这种"整裁整用"的方法是基于节俭动机而生，它给我们现代人的启示远非如此。这种"人以物为尺度"催生的"几何级数衰减算法"的人文智慧，正是中华"天人合一"传统的苗人实证。

---

1 贵州省编辑组：《苗族社会历史调查》，贵州民族出版社，1987，第225-228页。
2 黎焰：《苗族女装结构》，云南大学出版社，2006，第4页。

# 二、清水江型台拱交襟右衽衣结构研究与整理

台拱地区[1]交襟右衽衣从衽式习惯看，它要晚于雄衣（左衽是少数民族的古老传统）。它最大特点是衣身前长后短，穿着时左搭右在胸前形成一定交叠量，穿着后前后襟基本等长，并用围腰系扎。上衣以青色"斗纹布"为基布，领、袖、肩部均有绣饰，早期绣饰工艺多用缠绣，辫绣是在20世纪二三十年代盛行起来的。纹样色调以绿色为主，也用红绿间色，绣饰完成后钉缀亮片增加视觉感，色彩浓艳和谐。下为桶形百褶裙，无绣饰，长到脚面，是黔东南地区苗族百褶裙中较长的，跟其平坦优渥的地理环境有关。裙外系绣花大围腰，围腰与百褶裙长度相当，脚穿绣花鞋，盛装还有麻花项圈、手钏等银饰。标本来源于贵州省台江县台拱镇，系贵州凯里私人收藏传世品，根据样本质地、做工和装饰风格判断其为民国时期遗物。所谓交襟右衽，是标本襟缘绣饰左右对称并长度相等，穿着时呈右衽，在实地调查中也得到实证（图4-8）。

图 4-8 台江县台拱盛装姊妹节（2017年作者拍摄）

---

1 该服饰主要分布于台江县台拱、台浓、南省、宝贡、坝场、方省、红阳、登交、报效等乡镇及革东、革一乡部分村寨。

### 1. 主结构测绘与复原

标本穿着时呈交领右衽侧带系结，有衬里，衣身绣饰图案密实并保持左右前后对称，分布在两边四方袖、双襟、衣领、肩部，花纹以花草、蝴蝶、龙、凤为代表，纹饰有强烈的立体感。与西江"雄衣"对比发现，绣片分布略有不同，如肩部绣片雄衣在后，台拱苗衣在前，领口结构也没有后坠情况，下摆和开衩位置均无绣饰，这些信息可以肯定雄衣的历史会更久远。标本主面料为自织自染的青色斗纹布（俗称"花椒布"），是苗族较好的纺织品之一，布质厚密，结实耐用。讲究的面料通常织有精密连续性菱形花纹，台江妇女多用此种面料缝制盛装，是台江地区一大特色（图4-9）。

标本主结构由衣身、袖子和领子三部分组成，被分割成A、B、C、D、E、F、G、H 8片，加入单独的领共9片。主结构为斗纹布、亮布和青色土布三种面料组成，衣身为密实厚重的斗纹布。领子横线开口在肩线与中缝的交叉位置，宽为17cm，领子为亮布，领长36cm，宽9.2cm，领子两端为布边，故布幅为36cm。衣身前后中破缝，前后身连裁，左右身A、B片接缝处均为布边，故衣身由两个布幅拼接而成。根据测绘数据分析，斗纹布幅宽约为36cm（因斗纹布容易脱纱，故缝份较大，约为1.3~1.7cm）。袖子无肩缝，两个接袖，由C、D、E、F、G、H6片组成，C、D、G、H为第三种面料青色土布，G、H片的纱向跟衣身的纱向相同，C、D片的纱向跟衣身的纱向相反。E、F片为单独绣片。左右袖口G、H片加上内折贴边各是一个布幅，C、D片加上缝份各为半个布幅。由面布排料实验计算得出，台拱交襟右衽衣衣身斗纹布耗费面料296cm；袖子青色土布耗费面料约112cm，面料使用率100%。测量数据和结构图复原显示，台拱地区标本结构分割设计与西江"雄衣"一致，都采用整裁整用的"几何级数衰减算法"，成为清水江型交襟衣"零消耗"结构设计的又一直接实物证据（图4-10）。

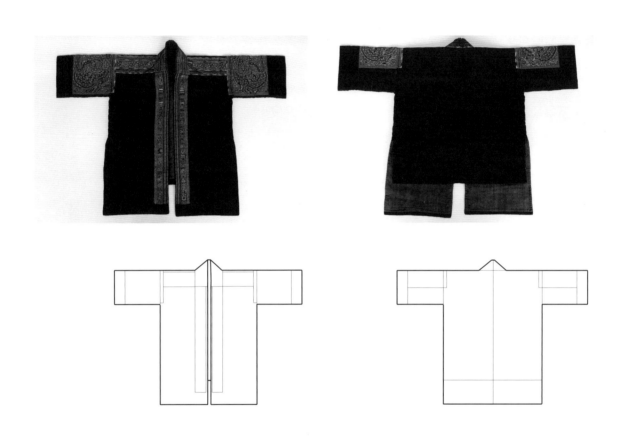

图 4-9 台拱苗衣标本及款式图

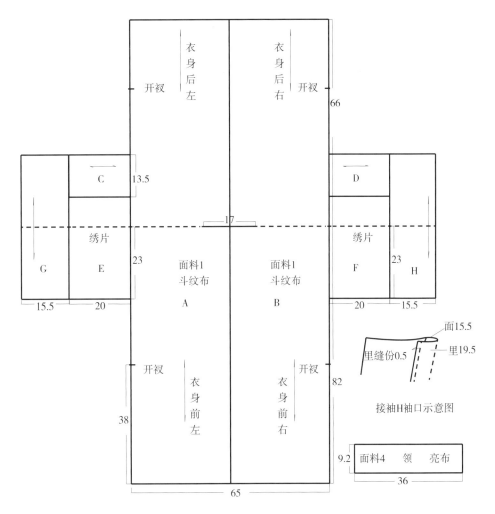

a 台拱苗衣主结构图复原

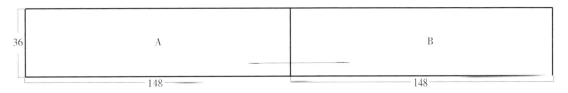

b 斗纹布排料图复原

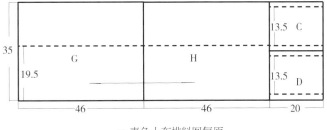

c 青色土布排料图复原

图 4-10 台拱交襟右衽衣主结构及排料图复原

### 2.衬里结构测绘与复原

台拱苗衣标本衬里布料为靛蓝土布，处理手法与雄衣衬里相同。衣身I、J片与接袖L、K片为靛蓝土布，G、H片与袖片连裁，折进19.5cm，相当于连裁贴边，故整件服装没有袖口缝，用"整裁整用"直线裁剪的设计方法，充分体现了物尽其用的原则。衬里I、J片为靛蓝布的两个布幅，L、K片各取半个布幅。衬里排料实验计算结果，完全与主结构保持整体一致，靛蓝布耗费296cm，使用率100%。所以苗衣"整裁整用"正是多少年来"惜物如金"传统美德的物质体现（图4-11）。

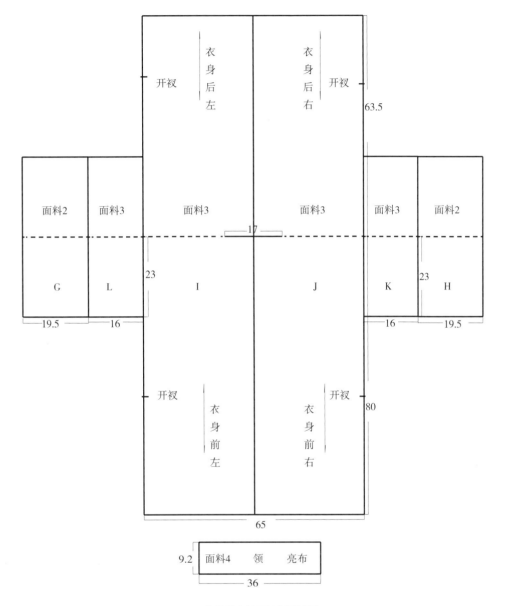

a 台拱苗衣衬里结构图复原

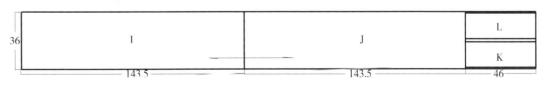

b 衬里靛蓝布排料图复原

图 4-11 台拱苗衣衬里结构及排料图复原

### 3. 饰边结构测绘与复原

台拱交襟衣的人文信息也体现在绣片的饰边图案中，主要分布在肩部、接袖、衣领、双襟处，说明苗衣装饰风格有明显族属的格式化特点。上衣以青色斗纹布装饰红底绿花的绣片，绣饰完成后钉缀亮片。绣片绣法主要采用绉绣，制作方法是先编织丝辫，再按照剪纸的轮廓用单针穿线，由外向内走向，将辫带褶皱成一个个小折褶后，用单线穿针，每一小折褶钉一针，将辫带堆钉在图案上，直至将图案铺满为止，故绉绣纹饰有强烈的立体感和浮雕感效果[1]（图4-12）。基于"物尽其用"的考虑，结构决定着饰边的布局。饰边同衣身结构一样保持着左右对称，左襟比右襟长1cm应该说是合理误差（图4-13），或者可以说是古老左衽习惯遗留的痕迹。当苗族与汉族文化交流普遍采用右衽时，就变成右襟缘饰长、左襟缘饰短的形制，施洞盛装就是如此。

图 4-12 台拱交襟右衽衣袖子的龙纹绉绣

---

1 杨昌鸟国：《苗族服饰》，贵州人民出版社，1997，第66-67页。

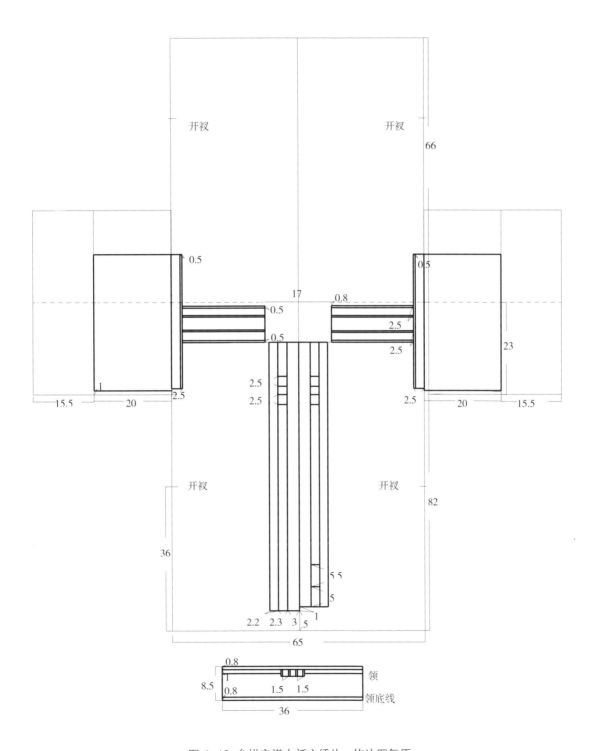

图 4-13 台拱交襟右衽衣绣片、饰边图复原

# 三、清水江型施洞盛装结构研究与整理

施洞与台拱同属于贵州省台江县，位于贵州省黔东南苗族侗族自治州中部，地处雷公山北麓、清水江两岸，史称"苗疆腹地"。苗族人口占全县总人口的97%，以世界上苗族人口聚居最集中和精彩瑰丽的苗族文化而闻名，被誉为"天下苗族第一县"[1]。施洞苗自称Fangb Nangl，汉语音为"方南"，以破线绣盛装最具特色[2]。施洞盛装是以成套组衣进行结构的研究与整理，虽然它们不是严格意义的原装搭配，但它们相同的族属也是很难得的。其上衣形制与台拱地区保持一致，为交襟右衽，呈前长后短。装饰风格以施洞镇为代表，故学界称为施洞式，主要分布在施洞、平兆、老屯、黄泡、良田、景孝、五河、宝贡、坝场及施秉县交界的乡镇[3]。

## 1. 施洞亮衣结构研究与整理

施洞上衣结构同样是对襟，前长后短，穿着时采用交领右衽，宽大的方形袖是贯首衣的发展类型，面料为亮布。沿衣襟有左长右短的织锦带饰边，并在后领处和左前门襟凸出的位置各有一块和其他部位一致的长方形堆绣绣片，可视为图腾标识。左右肩、袖和双襟绣片刺绣技法多样，工艺精湛。下装为百褶裙外扎围腰，盛装银饰配件繁复。自织自染的靛蓝色亮布和破线绣是这个地区的两大特色。整装服饰喜用青色为底，饰以红、绿、蓝等鲜明色，纹饰呈均匀对称分布，色彩浓艳而协调。"亮衣"一方面表明是由华贵的亮布制作，更重要的是婚前年轻姑娘穿红色花衣，苗语称为"欧拖"（汉意为亮衣），婚后中年以上妇女穿蓝色花衣，苗语称为"欧啥"（汉意为暗衣）。头饰也有所区别，但它们都是施洞苗族最隆重的盛装[4]（图4-14）。标本来源于贵州凯里私人收藏传世品，采集于施洞镇，根据标本信息确定其为晚清的施洞亮衣（图4-15）。

1 张春娥、陈建辉：《贵州省台江县苗族破线绣服装分析》，《丝绸》2017年第6期。
2 张春娥、陈建辉、周莉：《贵州施洞苗族服饰纹样的装饰艺术》，《毛纺科技》2018年第8期。
3 吴仕忠：《中国苗族服饰图志》，贵州人民出版社，2000，第154页。
4 民族文化宫：《中国苗族服饰》，民族出版社，1985，第47页。

亮衣，古苗俗为婚前盛装

暗衣，古苗俗为婚后盛装

图 4-14 台江姊妹节的施洞盛装妇女（2017年作者拍摄）

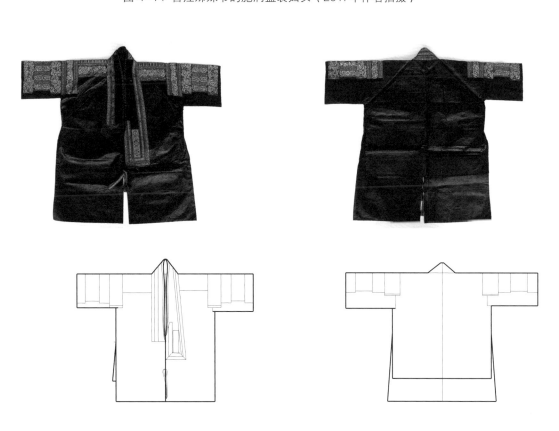

图 4-15 施洞亮衣标本及款式图

### （1）主结构测绘与复原

标本主结构由衣身、袖子和领子三部分组成，衣身裁片在肩线前后分开（测量苗族标本仅此一例衣身有肩缝，故不具普遍性），或是由于"打亮布"[1]工序更方便而断开制衣时巧用之，又或是亮布前后身面料有所不同而拼凑所致，故此现象应为非常规。衣身整体被分割成A、B、C、D、E、F、G 7片，加入单独领子共8片。前片为长88cm的两幅亮布分别与后片长63cm厚菱格亮布两肩缝合，缝制好衣身后再接衣袖，最后在接缝上缝缀或织或绣的绣片。

标本前襟长后襟短，形成前48cm和后24cm的高低开衩。交襟是穿着时左搭右在胸前形成一定交叠量，使前衣长收短，穿着后前后摆基本等长，由此得到了苗衣结构普遍采用前长后短设计的依据。该标本的最大特点是有肩缝，但左右袖保持完整且大小不一，有肩缝是因为前后面料不一致，袖子大小不一在标本中则属于个案[2]。衣身前后中破缝分为A、B、C、D 4片，接缝处均为布边，说明它们各为一个布幅，袖子E、F片纱向跟衣身相同，加连裁贴边它们各为一个幅宽。根据主结构测绘及其复原图发现，只在右袖片多加拼布G片，G片左右为布边，等于布幅宽，其中包括连裁的衬里贴边，即面布为24.5cm，连裁衬里贴边为16.5cm，推断薄亮布幅宽约为41cm。后衣片厚菱格亮布（亦称斗纹亮布）[3]幅宽约为37cm。后片厚菱格亮布为冬季面料，前面薄亮布为夏季面料，它们相互结合使用，既增加背部保温又不影响日常劳作，如此实证把苗族妇女的勤劳智慧表现得淋漓尽致。测量数据和结构图复原显示，标本结构分割设计都以幅宽而经营，不以体型而设计。背部厚菱格亮布A、B片呈现两个布幅，耗费面料约130cm，薄亮布C、D、E、F、G片各为一个布幅，耗费面料约267.5cm。面料使用率都为100%，施洞亮衣再次呈现 "规格化"整裁整用的结构设计（图4-16、图4-17）。

---

1 打亮布是制作亮布最关键和重要的一道工序，寨民拿着木槌，把布四四方方折叠好放在石板上，然后有节奏地敲打，因而寨子里常传来一阵一阵的咚咚声。
2 在调研和标本采集中共测绘标本5件，袖子均是左右一致，仅此为特例，值得研究。
3 贵州省编辑组：《苗族社会历史调查》，贵州民族出版社，1986，第283-285页。

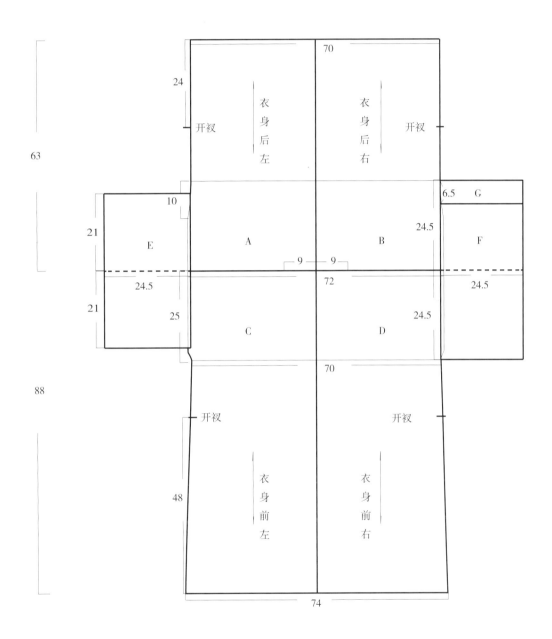

图 4-16 施洞亮衣主结构测绘图

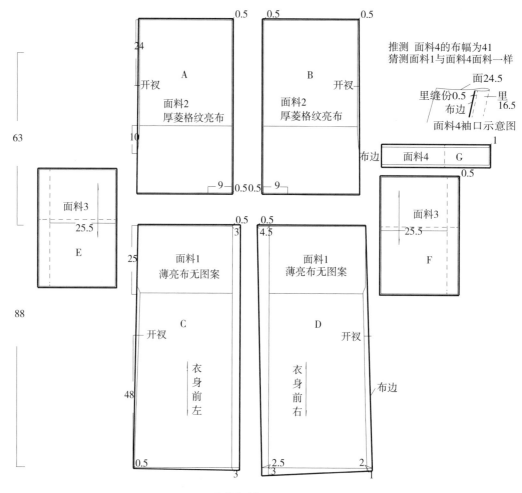

a 主结构分解图

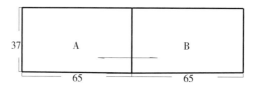

b 厚菱格亮布排料图复原

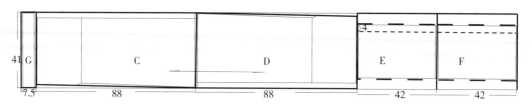

c 薄亮布排料图复原

图 4-17 施洞亮衣主结构分解图及排料图复原

**（2）衬里结构测绘与复原**

施洞亮衣衬里与袖子面料一致，为薄亮布，幅宽约为41cm，缝份均为1cm。袖片连裁，折进4cm为连裁贴边，故标本没有袖口缝。主结构连裁的拼袖片G片因为幅宽的限制不能完全充当衬里，所以衬里有一部分为单层。衬里H、I、J、K、M、N六个部分在一个布幅中完成，是与主结构保持一致的整裁整用设计手法。可见"敬物尚俭"在他们看来已经不是一种生存技巧，而是成为民族的伦理自觉，无疑也是中华"俭以养德"传统文化的组成部分和生动实证（图4-18、图4-19）。

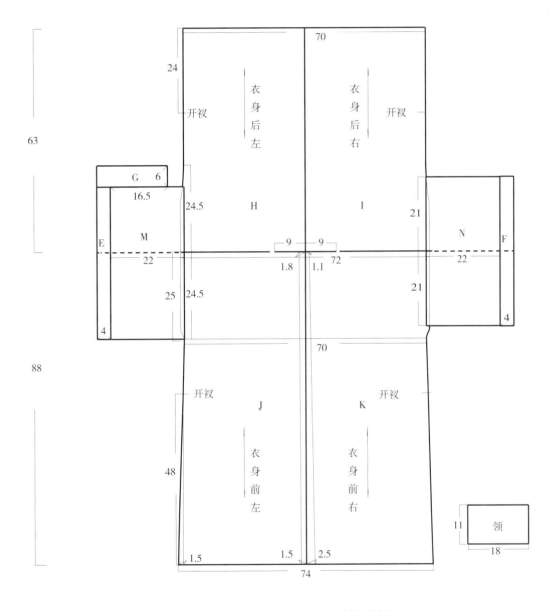

图 4-18 施洞亮衣衬里结构测绘图

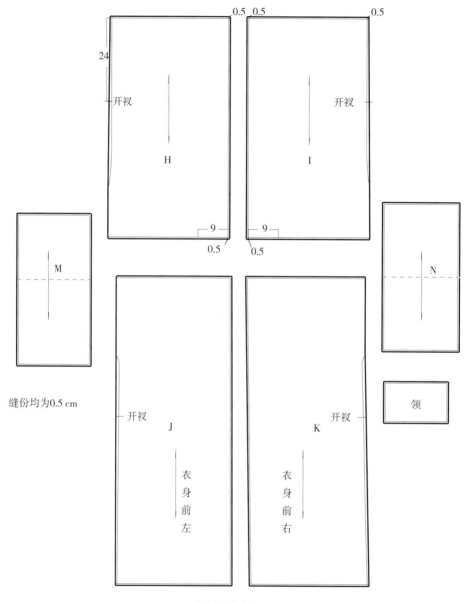

a 衬里结构分解图

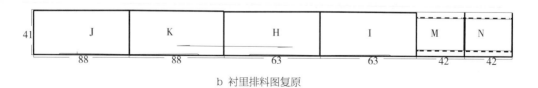

b 衬里排料图复原

图 4-19 施洞亮衣衬里结构分解图和排料图复原

**（3）饰边结构测绘与复原**

施洞苗族世代沿清水江而居，发达的水路让他们与外界文化交流密切，其中龙、凤、狮纹样的变形与夸张使用，是长期和外族文化的影响与融合的结果。亮衣双襟、肩部、后领及袖口等易磨损的部位皆缀精美饰边。破线绣[1]为特色，应用于肩部及袖子外侧。该绣法工艺讲究，表现出苗族独特的精湛技艺，也非常耗时。绣品光滑、细腻、华贵、表现力强，属苗绣中的极品[2]。在破线绣的基础上再用锁绣勾勒纹样的轮廓，更为精致细腻且起加固缘边的作用。堆绣[3]通过堆、叠的层次和错位，使图案呈现出立体浮雕的效果，主要用于前襟缘边叠加部位与后领中间的重要部位，故有族属图腾意味（图4-20）。辫绣主要用在上衣的肩部和袖部，不同的刺绣工艺分布不同，但位置相对固定。亮衣绣饰的工艺手法多样而有序，每种装饰手法都有其约定俗成的功用，在保持整体服饰风格的前提下稳中求变，手法兼具保护、延长寿命的节俭意识，其背后族属的人文信息与传统文化值得深入研究。

施洞亮衣前襟饰边很明显出现一长一短、一宽一窄，从表面看既不对称也不均衡，但穿着后通过交襟右衽方法，长而宽的左襟覆于短而窄的右襟之上，从而产生类似中华传统的深衣交领效果。重要的是这种右衽大襟通过苗汉的文化交流被固定下来，通过衣襟长短缘饰的区别区分左右衽。施洞亮衣具有双重结构，其本身以直线裁剪所形成的平面结构为第一层结构，在其基础上以织、绣等装饰构成的绣片结构为第二层结构[4]。绣片的大小规格以服装结构为依据，不仅展现了作为纹样的装饰功能，更重要的是还传递着族属礼教的制度信息。如此施洞亮衣标本左襟缘饰长而宽，不仅明示了"右衽交襟"的穿法，而且缘饰凸出的中心位置和后领缘饰的中部都设有专门的"贴绣"符号，且通常采用复杂的"堆绣"手法，这个谜题仍待破解（图4-21）。

---

1 破线绣是将一根丝线分成若干股后再绣，其绣品十分精致、平滑。

2 吴平、杨竑：《贵州苗族刺绣文化内涵及技艺初探》，《贵州民族学院学报(哲学社会科学版)》2006年第3期。

3 堆绣是用浆了皂角水的彩色绫子剪成小三角形，再把下两角向内折成带尾的小三角，然后按花样把这些小三角一层压一层地堆钉成各种花鸟图案，由于堆花费工时，所以仅限于领花等缩小装饰的部位。

4 赵明：《直线裁剪与双重性结构：中国少数民族服装结构研究》，《装饰》2012年第1期。

a 破线绣（用于袖子装饰）

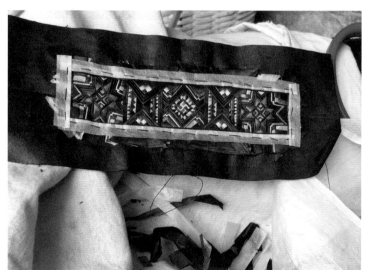

b 堆绣（用于后领装饰）

步骤一　　　　步骤二　　　　　　步骤二
将布裁减成长方形　基础单元　　排列缝制形式

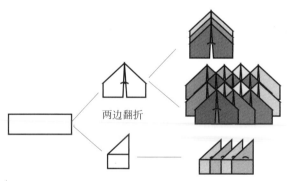

两边翻折

两边翻折后对折

c 还原堆绣过程

图 4-20 施洞破线绣与堆绣工艺过程[1]

---

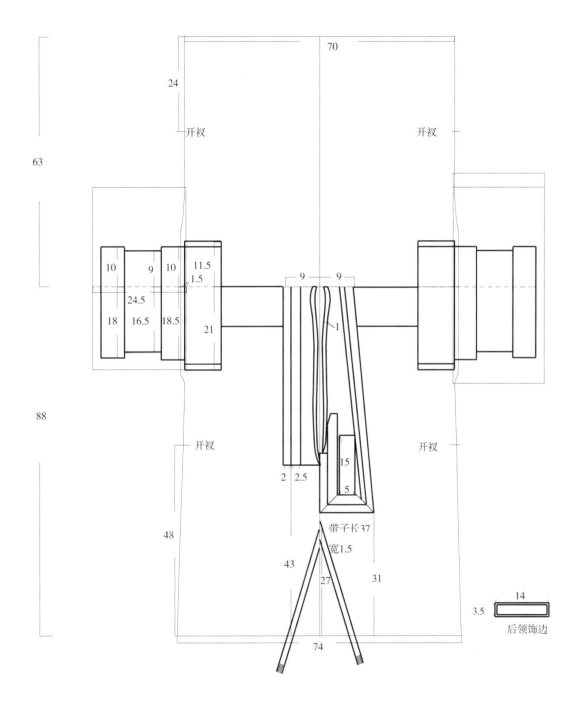

图 4-21 施洞亮衣饰边结构分布图

## 2. 施洞百褶裙结构测绘与复原

苗族妇女贯首衣、对襟衣与百褶裙的组配方式是苗衣文化多年来形成的传统，可以说是苗族版的"上衣下裳"制。百褶裙的缝制和穿着，成为贯首衣和对襟衣服装类型形成的标志。我国在汉代以后形成妇女下裳穿裙的风尚，但不是"百褶"结构。直到唐代，妇女所穿的裙子大多以六幅布帛拼制而成，有的用两种或两种以上的颜色拼成，称为"间裙"。每一道为一幅，称为"一破"，那时的裙子多的也不过"十二破"，对应一年十二月，称为"仙裙"[1]。后来由于苗汉的文化交流和布幅的增加，裙上的褶裥逐渐增多，到了五代以后史书中才有"百叠""千褶"的记载，且主要指西南少数民族。百褶裙的出现在五代以后，而在社会上流行不会早于宋代。因此苗族受到中原服饰影响，缝制和穿着百褶裙的时代，其上限亦应在宋代。重要的是，"汉制苗俗"确是它独特的文化内涵。

上衣下裙是苗族女性自古以来的样式，盛装配百褶裙，这是我国南方少数民族独特的服装形制，施洞百褶裙是苗族典型的品类之一。制作百褶裙费时费力费料，裙摆围度超大，裙褶呈上密下疏，形成上窄下阔伞子造型，营造上紧下松，使人产生一种稳定活泼、松弛有度的感觉。这种造型既能使腰部合体穿着，又能让下肢在山间丛林有充足的活动空间，满足日常劳作和生活的需求，同时百褶裙丰富的褶量可以将腰部以下重叠围裹，具有良好的保暖性能。在苗族看来，亮布的使用不仅仅只是为了美观，更多的是其实用性，亮布能够在多雨的季节起到防雨的作用。施洞百褶裙一般为三节，即腰部、裙面和裙摆。百褶裙下部的褶一般较中部的宽，整个造型呈伞状，这种造型增加了百褶裙内部的活动空间，充分满足了行动的需要，也便于山地行动。百褶裙具有独特的形式美感，同时也具有实用功能性，更是能歌善舞的苗族妇女盛装用于"舞祀[2]"的标志。苗族的百褶裙不是穿在腰上，而是系在胯部，由胯两侧的

---

1 席克定：《再论苗族妇女服装的类型、演化和时代》，《贵州民族研究》2001年第3期。

2 "舞祀"，在西南少数民族中，舞蹈与其说是娱乐活动，不如说是某种祭祀仪式。《左传•成公十三年》："国之大事，唯祀与戎"，"祀"便是祭祀，"戎"便是军事。中华民族这个传统，甚至在今天的苗族文化中还保留着，百褶裙承载的这些古老信息有待挖掘。

髋部支撑，当扭动腰肢的时候，百褶裙随着胯的运动而产生无穷的变化，使百褶裙变得更加妩媚动人。这种"舞祀"在我国诸如西南地区的壮族、彝族、布依族、独龙族，直到高寒域的西藏的藏族，东南的海南苗族，台湾的高山族等原住民文化中都有遗存，因此施洞百褶裙可以说是原始舞祀文化的活化石（图4-22）。

施洞百褶裙标本结构由裙腰和裙身组成，均由薄亮布制作，裙腰为宽17cm、长105cm的长方形，裙身长50cm，裙摆围度约812cm，展开后呈长卷形，由多幅拼接而成。穿着时百褶裙缠裹两层后形成合体的样貌，侧边不缝合，调整正面的重叠量使其平整。裙子的长度以膝盖上下的位置为标准，这种长度是通过田间劳作和舞蹈祭祀的实践被固定下来的。裙褶采用独特的竹筒定型工艺制成，褶裥的疏密变化也能满足盛装舞会舞动臀部运动的要求。褶裥规整、细密，在移步行动时，细密褶裥组成自然波浪的大裙摆，视觉效果极富节奏感，静止时一道道规整的密褶又极具秩序感。裙下半段饰以横向异色装饰面或线，源于汉襕，在视觉上纵横相对，行走或跳舞时更加灵动。

标本无衬里，因此可以很清楚地观察到布边。布边与布边的距离为45cm，故幅宽约为45cm。标本用了18幅拼成裙身，裙长50cm，裙底为双层，直接连裁翻折14cm，形成连裁贴边，如此计算下来，裙身需要1152cm薄亮布。裙腰由一整条宽35cm（双折量）、长105cm的亮布对折制成，所以裙腰也是呈现一个幅宽。全部下来百褶裙由18个裙身和一个裙腰布幅的裁片组成，共耗费布料约1257cm。在百褶裙的一端有扣襻，扣襻上有一条靛蓝土布制成的带子，在不穿着时把百褶裙捆扎好再用带子固定。百褶裙多用于节日盛装，一般都不会清洗，平日顺褶捆扎保存以便保持裙褶的挺直，还可以避免褪色。标本的信息采集测绘和结构图复原显示，百褶裙整裁整用的裁剪方法和"敬物尚俭"的造物理念与上衣有异曲同工之妙（图4-23）。

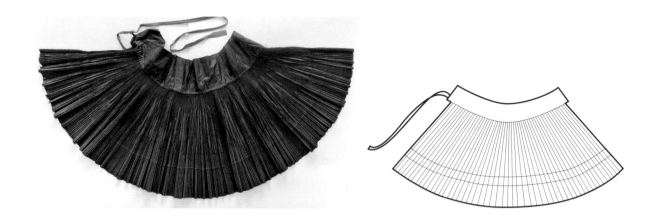

图 4-22 施洞百褶裙标本及款式图

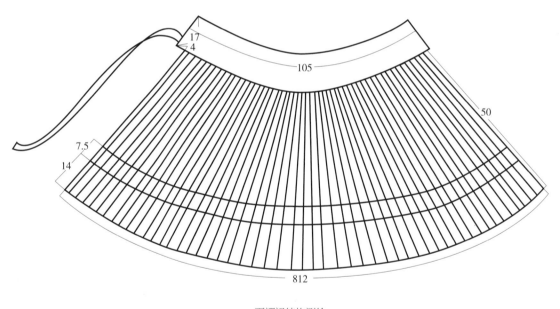

a 百褶裙结构测绘

b 百褶裙平面图复原（裙身18幅，裙腰1幅）

图 4-23 施洞百褶裙结构测绘与平面图复原

### 3. 施洞织花围腰测绘与复原

围腰、百褶裙和交襟右衽上衣组合呈现了施洞盛装的经典样貌。样本由凯里非遗传承人的"张系藏本"同时提供，时间为清晚期。围腰也称"围裙帕"，穿着时比百褶裙长约10cm，用料和制作十分讲究，精工满绣。围腰用单独的花织带系结腰部，实物围腰大于人体半腰围，穿着后中间龙纹放在人体前中位置，两侧有少量的余量绕到侧后身。

围腰是苗族妇女常见的辅助配饰，盛装便装皆可用，既可以当围裙又可以当背孩带（背孩带或由此启发产生），作为围裙具有利于劳作、保护百褶裙、清洁及装饰的功用。标本为盛装时所穿的围腰，以青色土布为基布，用彩线在上面刺绣，图案布局是由中心向四周展开，左右对称。两端蓝色绸缎刺绣花草虫鱼纹样，中间为白底绣以红色卷曲回龙纹，周边满绣动物、花卉和事典纹[1]，它们有明显的教俗信息（图4-24和本章标本信息图录）。围腰的腰头为长71cm、宽13cm的矩形对折而成，两端均为布边，为亮布幅宽。围裙为长70cm、宽57.5cm的长方形。围裙长到脚踝以上的位置，超过百褶裙，并系在百褶裙表面，几乎完全遮盖，起到保护裙子的作用。因此，围腰作为非舞蹈时盛装配饰比百褶裙更多施以精美的苗绣技艺，可以推断是非"舞袍"祭祀也用的配饰，如舞蹈祭祀之前的仪式、庙堂仪式等（图4-25）。

---

1 事典纹，传说或记载的典章事项用图案形式呈现出来，围腰中的动物、花卉之外的猴戏纹、骑马纹等就属此类，它们有明显的教俗信息，值得进一步研究。

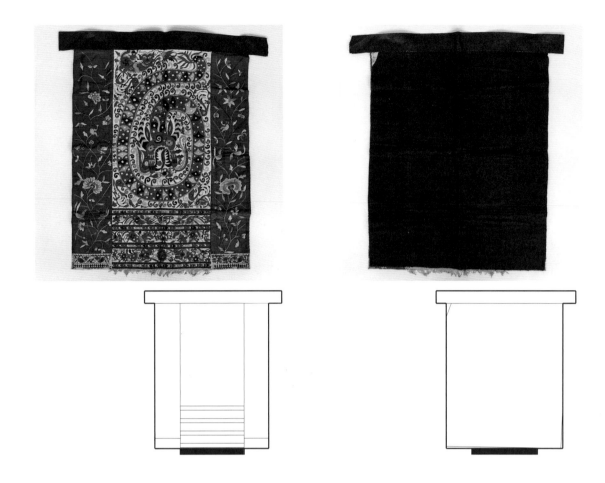

图 4-24 施洞围腰标本及款式图

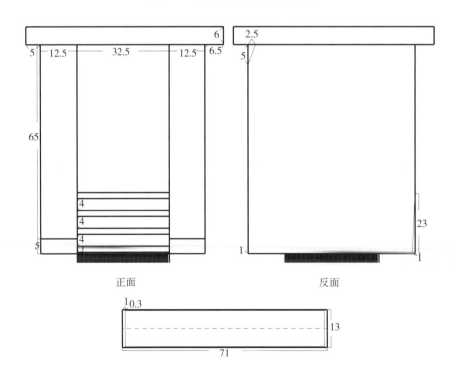

正面                          反面

图 4-25 施洞围腰测绘与结构图复原

# 四、结语

    从标本系统的信息采集、测绘和结构图复原分析，清水江型苗族服饰属于有织有缝的"缝合型"。结构上属于古老"贯首衣"的衍生类型，布幅决定结构设计主要采用"规格化"和"整裁整用"直线裁剪方法。"规格化"形成的规整矩形，是通过"几何级数衰减算法"实现的，呈现两两相对，可以任意调换而不影响缝制，这种基于节俭的"规格化"设计方法为它们的反复使用、延长寿命提供了条件。"整裁整用"是基于"人以物为尺度"的原则：服装的结构不以人的结构大小而设计，而是以布幅的宽窄去"适应"。在有限的幅宽上，服装结构呈现与最大限度地使用布料的幅宽密不可分。因此服装没有严格的尺寸规定，但同款类型服装的尺寸差异最多在3~5cm，这是因为手工布幅在这个差异之间[1]。这种"人以物为尺度"的思想与汉民族"天人合一"的"敬物尚俭"传统不谋而合，而成为中华民族"俭以养德"的文化基因，由此形成了中华传统服饰"十字型平面结构系统"一统多元的面貌。清水江型苗族服饰是与其他民族融合的产物，表明文明发达地区的文化总是向文明欠发达地区传播，并成为"大同存异"的文化典范。

---

1 黎焰：《苗族女装结构》，云南大学出版社，2006，第62-73页。

# 五、本章标本信息图录

## 1. 雷山对襟衣标本A信息图录

**基本信息**

时间：晚清

产地：贵州台江县雷山镇

形制：由贯首衣结构演变的对襟左衽衣

来源：私人收藏

正视

背视

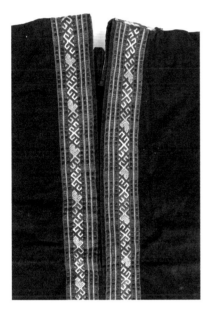

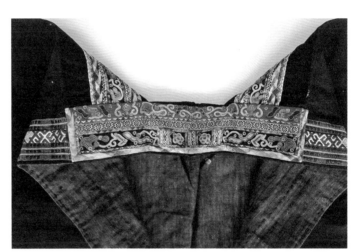

领缘

前襟伸展后领展平状态的独立绣片

后视领缘与两侧肩襕对接

下摆襟缘右襟"缀蓝"和左开衩缘边的不对称设计说明该标本为左衽穿法

左开衩缘边细节

右下襟缘"缀蓝"为教俗密符

前襟下摆打开与两侧衩形成良好的活动功能，衬里为棉布

左侧衩与摆里呈现的明线与摆缘、衩缘有关

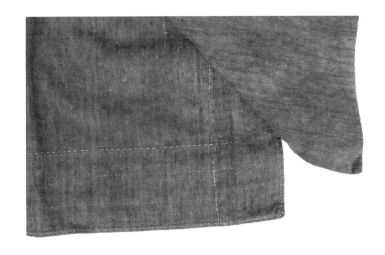

右侧衩与摆里明线形式与左则不同，是因为右侧没有衩缘

两侧袖饰跨越前后呈对称状态

左袖饰细节

右袖饰细节

袖饰纹样以肩线为中心前后对称分布

左袖饰采用各种绣法细节

右袖饰采用相同绣法细节

后视领缘，领口转向后背，深度与后肩两侧肩襕对接

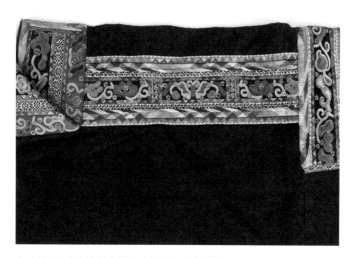

左右肩襕成为连接领缘与袖饰的"廊桥"

后肩襕连接的左袖饰

后肩襕连接的左袖饰细节

后肩襕连接的右袖饰

后肩襕连接的右袖饰细节

后视衩缘绣纹左右相同，且只有左衩缘前后分布，摆缘只设在后身

后身摆缘细节

后视侧衩打开状

后视左侧衩缘细节

后视右侧衩缘细节

## 2. 雷山对襟衣标本B信息图录

**基本信息**

时间：晚清

产地：贵州台江县雷山镇

形制：由贯首衣结构演变的对襟左衽衣

来源：私人收藏

正视

背视

前下摆打开与两侧开衩形成良好的活动功能，衬里为粗棉布

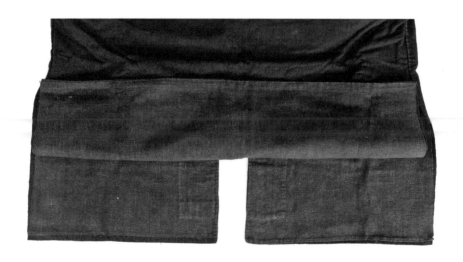

后视下摆打开状

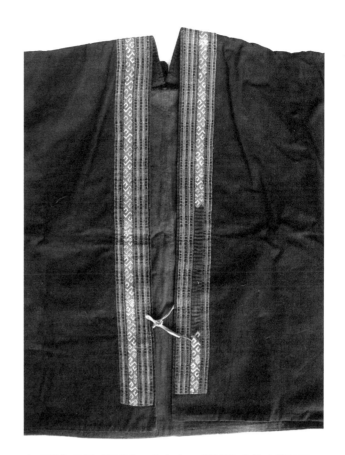

右下襟缘采用"缀蓝"，与标本A"缀蓝"密符功能相同，
左衽的穿法会把它掩盖

袖饰纹样以肩线为中心前后对称分布

左袖饰

右袖饰

后视领缘，领口转向后背，深度与后肩两侧肩襕对接

后肩襕连接的左袖饰

后肩襕连接的右袖饰

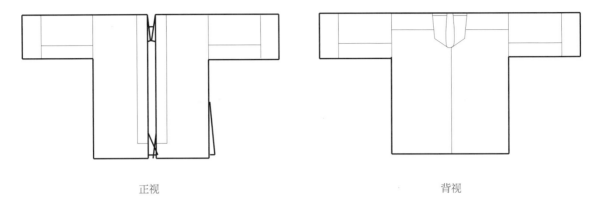

正视                                    背视

标本B外观图

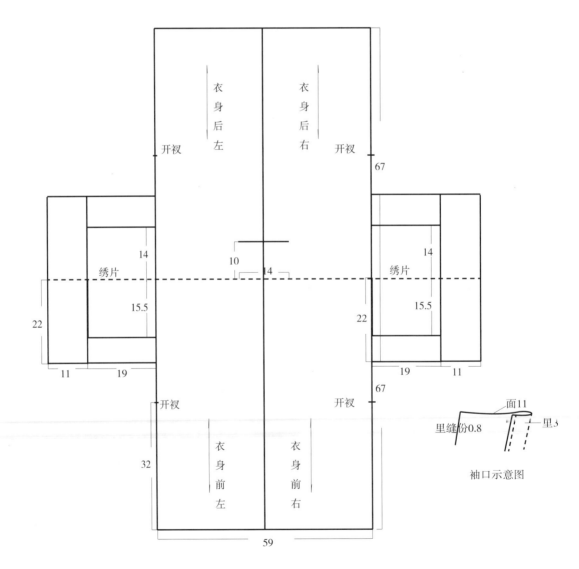

标本B主结构

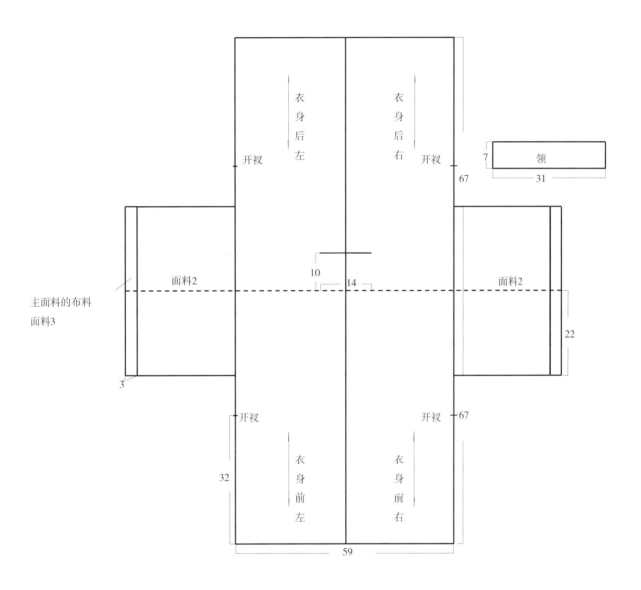

衣身后左　衣身后右

开衩　开衩

领

7

31

67

面料2　面料2

主面料的布料
面料3

10

14

22

开衩　开衩

67

32

衣身前左　衣身前右

3

59

标本B衬里结构

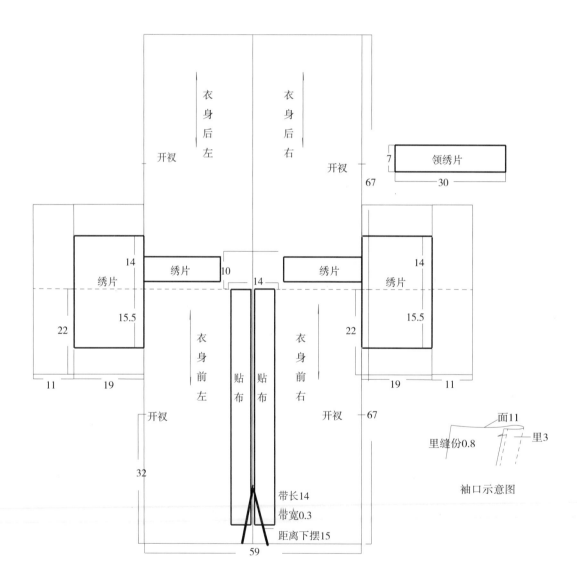

衣身后左　衣身后右

开衩　开衩

7　领绣片

67

30

14　绣片　10　14　绣片　14

绣片　绣片

22　15.5　15.5　22

11　19　衣身前左　贴布　贴布　衣身前右　19　11

开衩　开衩　67

面11

里缝份0.8　里3

32　袖口示意图

带长14

带宽0.3

距离下摆15

59

标本B饰边结构

## 3. 雷山对襟衣标本C信息图录

**基本信息**

时间：民国

产地：贵州台江县雷山镇

形制：由贯首衣结构演变的对襟左衽衣

来源：私人收藏

正视

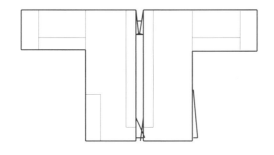

标本外观图（正视）

背视

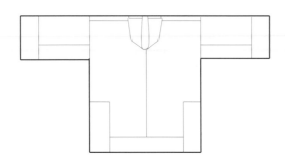

标本外观图（背视）

左开衩缘边细节

领襟右下缘"缀蓝"为教俗密符，左衽穿法会把它掩盖

领缘细节

后领展平与前襟缘连接状态

左前襟下摆打开，衬里和袖采用相同的青色粗棉布

衣身面料为提花丝绸

两侧袖饰跨越前后并左右呈对称纹样

左袖饰

右袖饰

袖饰纹样以肩线为中心前后呈不对称状态（俯视）

后视领缘，领口转向后背，深度与肩两侧肩襕对接

后肩襕连接的左袖饰

后肩襕连接的右袖饰

后视衩缘和摆缘绣纹相同并严格对称分布

后视左侧衩缘细节

## 4. 台拱对襟衣标本信息图录

**基本信息**

时间：民国

产地：贵州台江县台拱镇

形制：一字领对襟衣，衣身呈前长后短

来源：私人收藏

正视

背视

一字襟领缘由两侧肩襕连接袖饰形成"廊桥"，肩襕台
拱式在前，雷山式在后

一字领缘与前肩襕连接的细节

前肩襕连接的左袖饰

前肩襕连接的右袖饰

两侧袖饰跨越前后呈独立纹样

以肩线为中心呈现袖饰独立的龙蚕纹样细节

背视一字领缘

后视下摆打开状态

左前襟下摆打开的前长后短状态

## 5. 台江背孩带标本A信息图录

**基本信息**

时间：清末民初

产地：贵州台江县台拱镇

形制：T型直带饰边

来源：私人收藏

正视

背视

标本A的T型主体由背饰、腰饰和直带边饰组成

接带两端采用红绿黄条饰

T型主体纹样采用多种绣法

背饰绣纹细节，中心为对蚕龙团纹

服饰和直带边饰绣纹细节

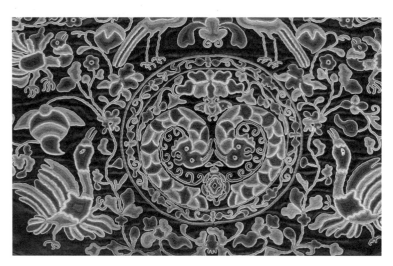

背饰主体对蚕龙纹细节

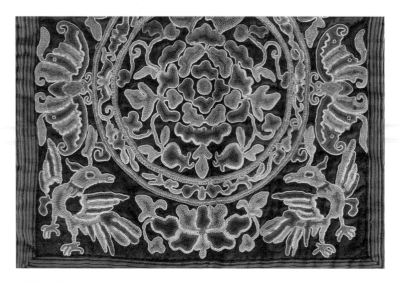

腰饰主体花卉纹细节

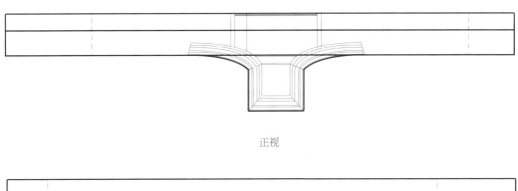

正视

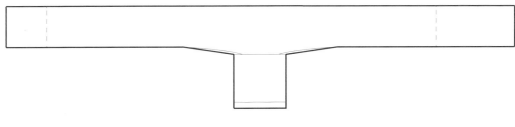

背视

标本A外观图

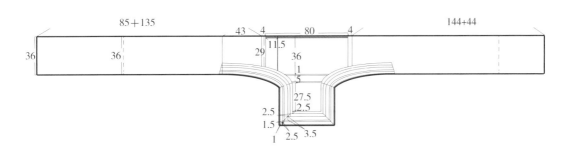

标本A主结构

面料2

缝份1.5

面料2的一端适合的距离沿ABCD边缝合

标本A主结构分解图

## 6. 台江背孩带标本B信息图录

**基本信息**

时间：清末民初

产地：贵州台江县台拱镇

形制：T型插角饰边

来源：私人收藏

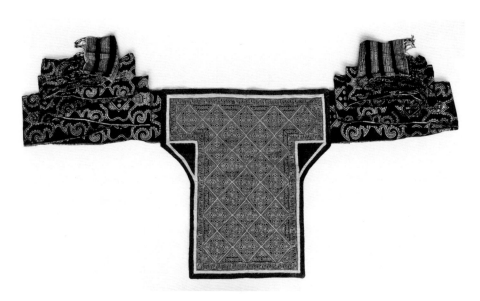

正视

背视

标本B的T型主体满绣菱形纹，接带为蜡染变体鱼形纹

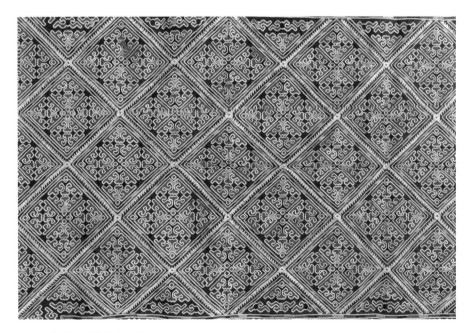

满绣菱形纹是精致"苗绣"之一

背饰T型两腋设"插角"提高拉拽强度

腰饰菱形纹以变体蝶纹构成四方连续和二方连续边纹

左接带

右接带

接带展开呈现二方连续的变体鱼形纹

插角的T型主体与接带细节

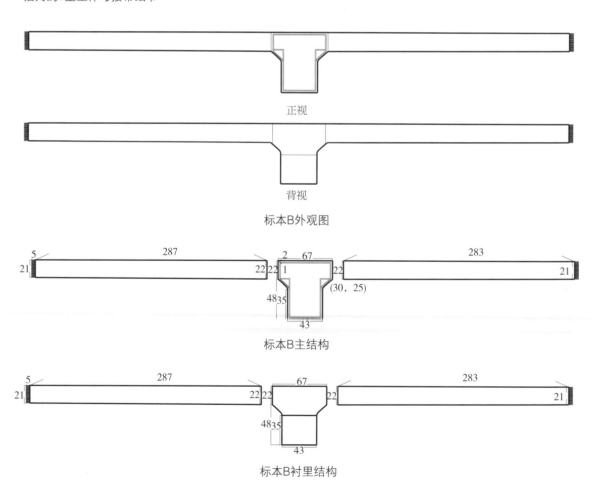

正视

背视

标本B外观图

标本B主结构

标本B衬里结构

## 7. 施洞对襟衣标本A信息图录

**基本信息**

时间：晚清

产地：贵州台江县施洞镇

形制：一字领对襟右衽衣，衣身呈前长后短，亮衣（苗语欧拖：红色花衣）

来源：私人收藏

正视

背视

一字襟领缘由两侧肩襕连接袖饰形成"廊桥"

背视一字领缘

襟缘右长左短以示右衽穿法是施洞对襟衣一大特点

右襟缘长呈回字形饰边,中间填充"贴绣"符号并
采用多种绣饰

下摆打开呈现大幅度的前长后短状态

前长后短结构的细节

前肩襕连接的右袖饰

前肩襕连接的左袖饰

两侧袖饰跨越前后分布

跨越前后袖饰复杂的满绣纹饰

背视左袖饰

背视右袖饰

## 8. 施洞对襟衣标本B信息图录

**基本信息**

时间：晚清

产地：贵州台江县施洞镇

形制：一字领对襟右衽衣，衣身呈前长后短，亮衣（苗语欧拖：红色花衣）

来源：私人收藏

正视

背视

襟缘右长左短以示右衽穿法，长出部分中间的"贴绣"
符号成为施洞标识

两侧袖饰跨越前后但明显前多后少分布

下摆打开呈现大幅度的前长后短状态

前肩襕连接的右袖饰

前肩襕连接的左袖饰

右袖饰多种绣法的细节

背视一字领

后视下摆打开状态

背视左袖饰

背视右袖饰

## 9. 施洞对襟衣标本C信息图录

**基本信息**

时间：晚清

产地：贵州台江县施洞镇

形制：一字领对襟右衽衣，衣身呈前长后短，暗衣（苗语欧啥：蓝色花衣）

来源：私人收藏

正视

背视

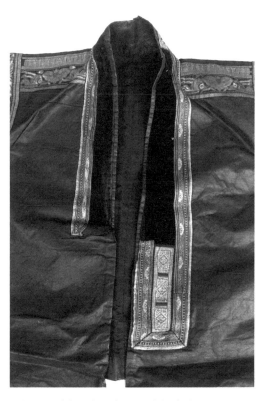

襟摆和襟缘都右长左短以示右衽穿法

右襟长出部分采用族属标志性"贴绣"并用特殊绣法

下摆打开呈现前长后短状态

前肩襕连接的左袖饰

左袖饰细节，其中的"事典纹"更值得关注

前肩襕连接的右袖饰

右袖饰细节

背视一字领

背视左袖饰

背视右袖饰

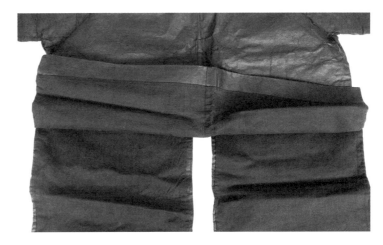

后视下摆打开状

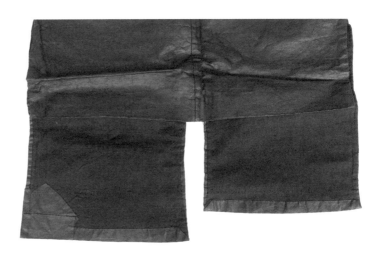

后视下摆前长后短，前下摆右长左短表示右衽

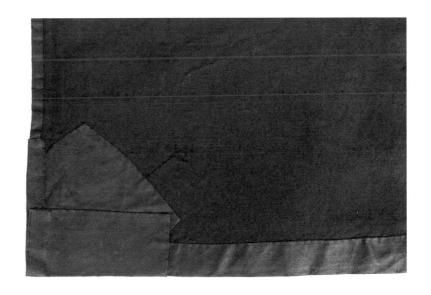

后视前左摆内侧工艺

## 10. 施洞对襟衣标本D信息图录

**基本信息**

时间：晚清

产地：贵州台江县施洞镇

形制：一字领对襟右衽衣，衣身呈前长后短，暗衣（苗语欧啥：蓝色花衣），配百褶裙

来源：私人收藏

正视

百褶裙

背视

襟缘右长左短表示右衽穿法

右襟缘长出部分饰有族属标志性"贴绣",其中一个左旋两个右旋"万"字纹仍是谜题

一字襟缘由两侧肩襕连接袖饰形成"廊桥"

前肩襕连接的左袖饰

前肩襕连接的右袖饰

下摆打开呈现的前长后短状态

前长后短的结构细节

背视一字领

后视下摆细节和亮布质感

背视右袖饰

背视左袖饰

## 11. 施洞围腰标本信息图录

**基本信息**

时间：民国

产地：贵州台江县施洞镇

形制：回龙纹三拼长方形

来源：私人收藏

正视

背视

左边饰猴、鸟、花卉纹成谜

右边饰内容与左边相同但不对称

围腰中心主体为满绣回龙纹，龙口处人鱼组纹成谜

围腰下边饰三层构成，依次为对鸟纹、对骑马纹和对龙纹，左右边饰为不对称花鸟纹绣饰

第五章

黔东南苗族典型服装

结构研究与整理

自古以来，苗人氏族部落基本上是在战争与不断迁徙中发展定型的，从秦汉时期苗族进行第三次大迁徙开始就从不同地区先后进入贵州，根据其居住的地理位置形成了如今相对应的服饰形态[1]。黔东南是贵州苗族聚集的大本营，每个支系都有其独特的服饰特征，差异的形成既缘于苗族历史上多次的迁徙，又有地理环境、气候差异以及文化背景、宗教信仰、风俗习惯的不同，还有与其他民族文化交融渗透的因素。服饰类型主要有由贯首衣衍生的对襟衣和苗汉融合的交襟衣及斜襟衣，对襟衣主要以舟溪式及雅灰式标本为研究对象，斜襟衣主要以丹都式标本为代表，这是由标本的梳理中确定的，同时它们又有苗族服饰纹饰的丰富性。重要的是，它们不仅具有装饰性，还是识别"我族"与"他族"、"我支"与"他支"的族属认同符号。对其结构数据进行全息采集、测绘及复原，使我们对黔东南苗族典型服饰结构构成的文化内涵有新的认识，更好地呈现其完整面貌。

---

1 杨正文：《苗族服饰文化》，贵州民族出版社，1998，第4页。

# 一、舟溪式服饰结构研究与整理

舟溪位于黔东南凯里市西南方向，距离凯里十余公里，该支系自称"嘎闹"（意为"鸟的部落"）[1]，舟溪支系服装以凯里舟溪地区为主要代表。盛装搭配复杂，层次分明，上穿对襟宽袖花衣[2]，以绸缎为主料，小臂套绣花袖筒，下着素色百褶短裙，裙外系前后围腰，脚穿绣花鞋，配布足筒或绑腿。因该服饰主要流行于贵州省凯里市舟溪镇，故又被学界称为舟溪式，主要分布在凯里市的舟溪、青曼、鸭塘、万潮，麻江县的下司、白午、回龙及丹寨县的石桥、兴仁等地[3]。标本为对襟上衣和围腰套装，来源于贵州凯里私人收藏的传世品，是凯里舟溪式的典型样本，规制为黔东南对襟类型，初步鉴定为清晚期黔东南苗族花衣。

## 1. 花衣结构测绘与复原

花衣标本为对襟一字型领，青色缎子作面，土布作里，衣阔而短并无前长后短摆式，说明它并不像清水型可交襟的穿法而始终保持对襟。花衣虽袖短，穿着时也要将衣袖反卷两次于手肘以上，手肘之下戴袖筒套（见图5-1a，标本中缺失）。袖子反卷虽然遮挡一部分刺绣，但把长袖变成半袖，让宽大的袖口向外翻翘，很好地配合有绣工的袖筒套，袖部呈现立体的花饰变化，下装百褶短裙、花饰围腰和绑腿相映成趣，这或许就是"花衣"的由来。整体造型效果，颇有古代汉服"半臂"（明代称褡护，类似马甲）的风采[4]。

半袖、袖筒与围腰、绑腿（足筒）等人文信息是舟溪式服饰类型的代表。在中国服装史上戎服出现过这些服装元素。唐代铠甲里面衬战袍，战袍为"半臂"短袍，半臂上卷，肩上加"披膊"，臂间戴"臂鞲"，下身左右各垂"甲裳"，胫间有"吊腿"，脚蹬革靴[5]。由此可见唐代的战服衣袖已经从胡服的小袖、秦汉的护臂发展到由"半臂""披膊""臂鞲"共同构成。对比后发现，花衣的半袖与战袍"半臂"有异曲同工之效，且穿着方式也是将袖口反卷

1 杨正文：《苗族服饰文化》，贵州民族出版社，1998，第56-94页。
2 花衣，即是夹层衣，用青色缎子作面，土布作里。
3 吴仕忠：《中国苗族服饰图志》，贵州人民出版社，2000，第102-105页。
4 李进增：《霓裳银装》，文物出版社，2012，第52页。
5 华梅：《中国服装史》，中国纺织出版社，2007，第59页。

a 舟溪盛装的妇女[1]                     b 标本[2]

图5-1 舟溪苗族花衣及标本

于臂肘之上；花衣袖筒套的结构形式及穿着部位也与"臂鞲"相类似，令人惊讶的是，"披膊"的形式竟然也在花衣中以成片圆钉状的银饰表现出来，护在整个肩头宛若铠甲（见图5-1a）。苗族史记载，公元前221年，秦始皇统一六国，原地处于楚国和巴国境内的苗族地区进入了秦朝的版图，封建王朝对苗族不断地进行军事镇压，苗族一直处在历代统治者的征伐和被迫不断迁徙中。秦汉至唐宋，苗族继续向西南迁徙，分布地域逐步扩大[3]。由此可见，在与秦汉、唐宋军队的不断抗争与迁徙中，苗族服饰与战服不断交融，花衣无疑是古代戎服文化演变成盛装的仪式符号（图5-1、图5-2）。

---

1 图片来源于《中国苗族服饰》第74页。
2 贵州私人博物馆馆藏品实物拍摄。
3 伍新福、龙伯亚：《苗族史》，四川民族出版社，1992，第75页。

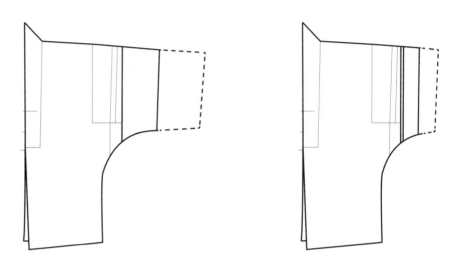

图5-2 花衣反卷两次袖子示意图

### （1）主结构测绘与复原

花衣标本前后衣身长56cm，前中下弧2cm，对襟左侧钉六粒锡扣和一粒盘扣，盘扣为首粒可扣合，六粒锡扣只分布在左襟，均为"装饰"作用成疑，有待研究。服装的制作用自织的宽1尺左右（约33.3cm）的青绸窄布[1]，为增加下摆活动量，前后两侧下摆各开衩5cm（图5-3）。标本由两种面料构成，衣身为青色绸缎，袖子为自织自染的青色土布。标本主结构由衣身、袖子和领子三部分组成，被分割成A、B、C、D、E、F 6片，加入单独的衣领共7片。领子与接袖面料均为青色土布，领长78cm，宽9cm，呈矩形，对折后成4.5cm宽的一字型领，相当于连裁贴边形成领面与领里的共用结构。衣身为青绸前后中破缝，左右身A、B片接缝处均为布边。由测量数据可得A、B片宽约31cm，加上缝份量，幅宽约为33cm，衣身呈现两个布幅的长方形，在肩线和中线交叉位置横开缝为领，这是典型的贯首衣结构。袖子为青色土布，左右袖片无肩缝，由C、D、E、F 4片组成，与领子、围腰衬里为同一种面料。C、D片为26cm，加上缝份，约为29cm各为一个布幅（由围腰衬里得青色土布幅宽

---

1 贵州省编辑组：《苗族社会历史调查(二)》，贵州民族出版社，1987，第248-249页。

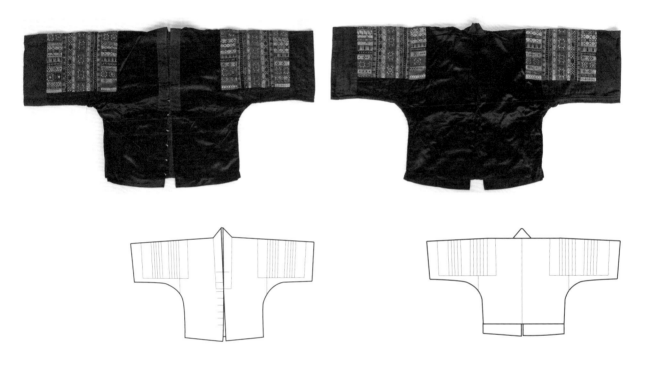

图 5-3 花衣标本及款式图

为29cm）。左右袖口E、F片为16cm，其中包括连裁折进5cm的贴边。领子同为青色土布，领宽为9cm，与E、F片拼合后为一个布幅（E、F片为16cm加领宽9cm，加上缝份的消耗量约为29cm）。测量数据和结构图复原显示，左右袖共呈现四个布幅，衣身呈两个布幅。标本结构分割设计都与布料的幅宽密不可分，采用"整裁整用"的方法，实现最大可能的零消耗（图5-4）。

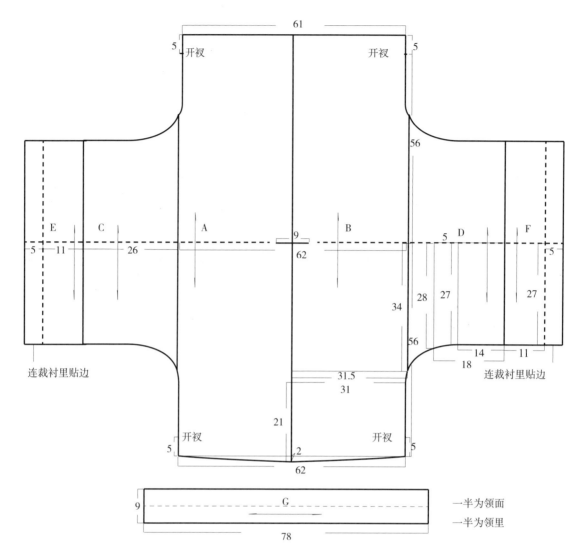

图5-4 花衣标本主结构图复原

**（2）衬里结构测绘与复原**

　　标本衬里结构与主结构处理手法相同，整体上呈贯首衣结构。面料为自织自染的靛蓝土布。袖口E、F为连裁折进5cm贴边，用"布幅决定结构"的设计方法，衬里与表布处理方法相同的是，也用衣身A、B片与袖片C、D四个相同纱向和幅宽的靛蓝土布，但由于表里面料幅宽不同而产生错位，就由袖口两个E、F片整幅将表多里少错位补齐。从衬里结构测绘与复原情况看，证明了这一点。衬里与主结构保持一致，衣身A、B片与接袖C、D片宽度相等，约为33cm，各为一个布幅。通过排料图实验（参阅图5-9），与主结构同样呈现"人以物为尺度"这一朴素而智慧的节俭理念，其动机就是最大限度地使用布料（图5-5）。

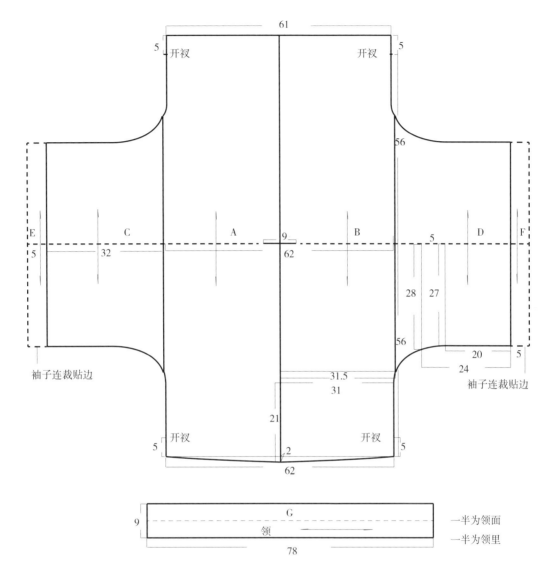

图 5-5 花衣标本衬里结构图复原

### （3）饰边结构的测绘与复原

花衣是舟溪式苗族服饰的典型，"花衣"称谓，按照学术的逻辑它本身就传递着曾经氏族社会的古老信息，其人文意义主要表现在饰边图案中。值得研究的是，它们集中在接袖处与肩的过渡部位，这与汉族强化"缘饰"有很大不同而成为苗衣绣饰的标志性符号，相同的是图案分布也依据"布幅决定结构形态"的造物思想。

花衣围腰和衣袖上的太阳纹、牛角纹、铜鼓纹、水车纹、十字纹等都是通过板丝绣进行表现的。板丝绣并不是一种刺绣针法，只是刺绣时运用"板丝"[1]作绣布来进行刺绣。板丝绣源于商周，兴于汉唐，是目前较为少见的刺

---

1 "板丝"的制作方法，先让蚕在一块平滑的木板上来回吐丝，等丝积到一定厚度时，将其压平，成为"板丝"。

绣形式。这是因为很少有板丝这种材料，但是舟溪服装为区别"他支"而衍生了独特的文化特征。苗族文化强烈的族属观念强化了苗族妇女的族群意识，她们虔诚地沿袭祖辈传下来的刺绣方式和图案风格，使苗族服装多种多样的刺绣形式在各个支系服装中独立地传承下来[1]。水车纹一般作为主花纹的配饰，不单独使用，常见于刺绣、挑花、编织图案中，以一个单元纹样组成二方连续或四方连续纹样，其余纹饰较多的是象征生命之源、人口繁衍的美好愿景（见本章标本信息图录）。工艺采用蚕锦贴花、马尾绣和板丝绣。蚕锦也称平板丝织物，是把蚕放在平板上吐丝而形成的类似绵纸的一种非织造布，在刺绣时被当作基布做成绣片，用于衣饰的贴花，此种独特工艺便成为舟溪式花衣的标志性特征。这种工艺手法，工具简单，随闲随做，这样无论是衣服还是绣片出现损坏，都不会影响彼此。由此可见，花衣绣片在肩袖之间的分布与肩扛频繁的山地劳作方式有关，而赋予了"生命之源、人口繁衍"的美好祈愿，这也在花衣围腰上有更充分的表现（图5-6）。

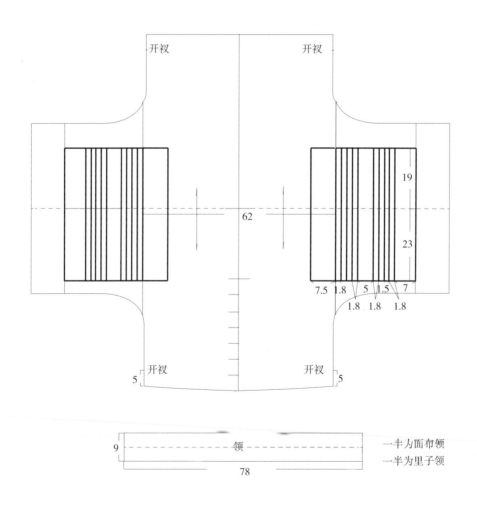

图5-6 花衣标本绣片分布与结构图复原

1 黄竹兰、王蕾：《贵州苗族服装的多元文化性探究——以黔东南舟溪苗族服装构成为例》，《贵州学院学报(社会科学版)》2018年第6期。

## 2. 围腰测绘与制作

围腰里蕴藏着丰富的苗俗文化。舟溪苗服的前后两幅围裙形制能够在胡服中找到对应。胡服其实是古代汉人对西域和北方各族所穿服装的总称，后来泛指汉服以外的所有外族服装[1]。中国古代服装史表明，春秋战国时期的胡服为窄袖短袍加束腰带，下身左右深开裾形成前后两片，舟溪苗服的围裙穿戴效果与之雷同，目的也应是便于行动与骑马（见图5-1a）。几千年前，苗族的故乡在北方，历史原因造成他们迁徙到了南方，目前贵州是苗族最大的聚居地，这就可以解释胡服文化为何一直蕴藏在苗族服装中。

围腰是苗族妇女常见的辅助服装，也是苗族上衣下裳制完整系统构建的组成部分，它与藏族妇女"邦典"（围裙）有异曲同工之妙，比如它们都作为妇女婚后的"护身符"，只是邦典表达更多的宗教含意，表示婚后对丈夫的护佑。而苗族围腰表现得更世俗化，强调和美好愿望的结合。其基本作用是有利于劳作、保护裙子、收纳物品。围腰长过膝，图案纹样装饰手法和衣身绣片保持一致。围腰长为52cm，宽为45cm（包括下摆7cm流苏），围腰衬里为两幅青色土布拼合而成，且两边均为布边，故青色土布幅宽为29cm（图5-7）。

通过对花衣围腰制作过程的解读，发现并非是物理意义上的围裙，事实上与藏族邦典一样，包含着丰富的教俗寓意，如不论是在衬里还是面布，都在特定的位置装饰锡箔或锡片。制作围腰是分别先将面布和衬里各自的装饰物缝缀好，再将面布与衬里面对面缝合，用回针缝合上端边线，并留2.5cm缝边后，翻折到正面，用锁边缝合围腰的侧边与底边。

围腰衬里的制作过程：① 根据围腰的尺寸手织宽为29cm的白色土布料，用两幅拼合成一个围腰，缝份为0.5cm；② 确定围腰长度为45cm，其中7cm纬线抽掉作成穗边，并把穗边的经纱每3根为一组捻合，取出相邻的捻合线，第2根绕着第1根并拉紧，持续这样的步骤直至完成底摆的全部穗边；③ 把捻合好穗边的白色土布围腰半成品进行蓝染；④ 在穗子的每一个打结点之间装饰锡箔条；⑤ 用彩色蚕锦制作穗子装饰带，在里层对应的位置用经纱系住蚕

---

1 王鸣：《中国服装史》，上海科学技术文献出版社，2015，第36页。

锦条,并固定;⑥ 完成围腰衬里的制作(图5-8 a、b)。

　　围腰面布的制作过程:① 制作贴花(绣片)底布,底部由红色面布加衬布和另一层布拼合而成;② 制作有锡片装饰的底布;③ 把蚕锦染色;④ 按样板把染色好的蚕锦作基布制成各种预设尺寸的贴花(绣片);⑤ 缝制贴花,把贴花用马尾绣缝制在底布上,它们分布在围腰的五个区域;⑥ 完成面布围腰制作[1](图5-8 a、b、c、d)。最后把衬里和面布缝合起来就是标本的样子(见图5-7)。

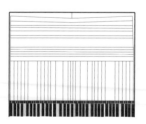 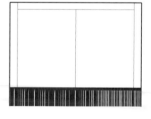

正　　　　　　　　　　　　　　背

图 5-7 花衣围腰标本与款式图

---

1 鸟丸知子:《一针一线》,中国纺织出版社,2011,第103-107页。

 186　苗族服饰结构研究

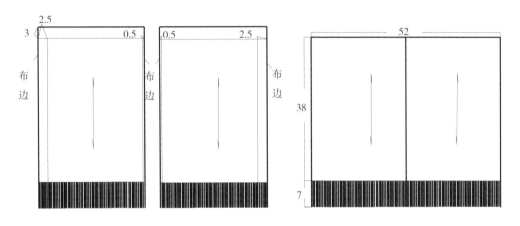

a 围腰衬里制作前状态

b 围腰衬里制作后状态

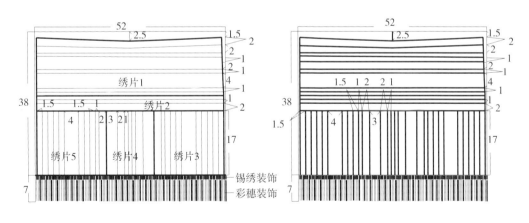

c 围腰面布绣片装饰分布

d 围腰面布绣片图案的分割

图5-8 围腰制作过程

### 3. 标本排料实验

在标本花衣排料实验中发现，它充分体现着朴素的天人合一自然观，所有结构形制均因节俭甚至到了对物质的崇拜而催生，这种设计是以人适应面料的幅宽和依据面料的自然特性进行经营布局。标本共有3种面料，青色绸缎、青色土布和靛蓝土布。因其缝制工艺简单，形成重绣轻缝的苗衣特色，可通过直接观察、触摸样本判断各部分裁片、布边及各部分缝份情况，因此不难判断幅宽、纱向以及进行结构图复原、排料实验的实现。标本衣身左右两片为青色绸缎，整体光滑亮丽，手感细腻，穿着时透气性强。该面料在苗地稀有，制作不易，只作衣身使用。布幅约33cm，为左右衣身，共耗料约222cm。青色土布用于主结构接袖4片、领子1片及围腰衬里2片，共7片，根据测绘数据和结构图复原得出其布幅为29cm，共耗料约266cm。花衣衬里为靛蓝土布，用于衬里衣身2片、袖子2片，4片均采用四个布幅宽，幅宽约为33cm，共耗料为294cm。不同的面料，用在不同的使用位置与不同程度的使用量，这充分考虑面料的自然特性与面料制作的难易程度。绸缎的织物珍贵，适宜尽可能少的剪裁以降低损失；土布厚实耐磨，具有冬暖夏凉、透气吸汗的特点，因此苗族最擅长制作的土布用在最容易磨损的领袖部位。在尽量不破坏织物的前提下，最大限度地挖掘表现材料的自然特性，最大程度地利用面料，保持布幅的完整性。在模拟排料实验中，所有的裁片布边跟标本测绘数据保持一致，增强实验结果的合理性及还原的真实性。根据排料实验的结果计算，上衣加围腰共消耗面料约782cm，利用率高达95%以上，从排料上看，这主要取决于"整裁整用"的设计方法和"人以物为尺度"的朴素造物观（图5-9）。

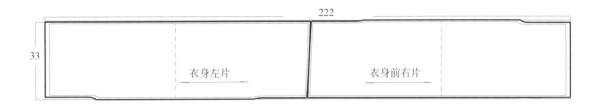

a 绸缎面料排料图复原

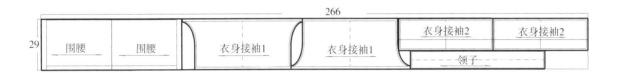

b 青色土布排料图复原

c 靛蓝土布排料图复原

图 5-9 花衣标本排料图实验


　　从标本的测绘数据和结构图复原分析，这些结构都是在节俭和物质崇拜意识支配下形成的。在中国传统文化意识中，农耕文明的自然经济催生了物由天赐的观念，即使是人造之物也是如此，因为造之不易。大山深处的苗族更是把它表现得淋漓尽致，他们尽可能保持物质的完整性，由此形成的敬物、崇物、尚物的民族意识，支撑了"俭以养德"的中华精神，这确实值得今人思考，特别是"现代设计美学"如何对民族传统美学的继承。

# 二、雅灰式百鸟衣结构研究与整理

　　苗族的百鸟衣支系自称"嘎闹"（意为"鸟的部族"），传说"嘎闹"是上古蚩尤部落中"羽族"的后裔，鸟是这个支系最为重要的图腾之一。百鸟衣主要传承于贵州省黔东南苗族侗族自治州丹寨县雅灰、雷山县达地、榕江县平永和三都县都江等乡镇。不同苗寨的衣裙在装饰形式上虽各有区别，但都是通身绣满鸟纹，使用蚕丝制成的特殊的蚕片絮为面料，用刺绣将象征族源标志的鸟图腾表现在衣饰之中，形成别具一格的"卉服鸟章"。据史料记载，早在唐朝，黔东南地区的一位苗族首领东谢蛮首谢元深[1]身穿绣有鸟纹的盛装赴帝都长安入朝参见唐太宗，随行的使团也都穿着"卉服鸟章"之服，一度惊动了长安城，唐太宗还命画师描摹，名为"王会图"，这是较早见于文献的记载[2]。

　　卉服，古籍中记载为草织的衣。《汉书•地理志•上》有"岛夷卉服"，颜师古注："卉服，缔葛之属"[3]，意即卉为百草，缔葛是南方一种用葛草织成的布，后卉服被认为是南方一种用葛越木棉布做成的衣服。鸟章，即衣着与旌旗装饰中印染织绣的鸟纹。古人喜在衣饰、旌旗等上绣绘出鸟形图案。《诗经•小雅•六月》："织文鸟章，白旆央央。"郑玄笺："鸟章，鸟隼之文章，将帅以下衣皆著焉[4]。"

　　在苗族古礼仪中，百鸟衣原为祭祖活动的"牯藏节[5]"或其他盛大节日时男性祭司所穿着的服饰，称为"牯藏衣"。牯藏节是苗族最重要的祭祖节，百鸟衣为祭服以示庄严和怀古，用印染了鸟纹的"旗幡"来沟通神灵和祖先，牯藏仪式具有维护苗族社会和谐的功能[6]。由于衣上刺绣着众多鸟纹，下装百褶

---

1　(五代)刘昫《旧唐书•西南蛮传•东谢蛮》："东谢蛮，其地在黔州之西数百里。南接守宫獠，西连夷子，北至白蛮……其首领谢元深，既世为酋长，其部落皆尊畏之。"
2　杨正文：《鸟纹羽衣：苗族服饰及制作技艺考察》，四川人民出版社，2003，第17页。
3　(东汉)班固：《汉书•地理志•上》，中州古籍出版社，1996，第553页。
4　陈戌国点校：《四书五经》，岳麓书社，1990，第356页。
5　牯藏节，也称吃牯藏、吃牯脏、刺牛、鼓藏节，是黔东南、桂西北苗族、侗族最隆重的祭祖仪式。节日由苗族各姓牯脏头组织。一般在历史上关系较密切的村寨间进行，牯脏节有小牯大牯之分。小牯每年一次，时间多在初春与秋后农闲季节，吃牯的村寨杀猪宰牛邀请亲友聚会，其间举行斗牛、吹芦笙活动。大牯一般13年举行一次，轮到之寨为东道主。"牯藏节"的重要内容是杀牛祭祖。
6　杨正文：《鼓藏节仪式与苗族社会组织》，西南民族学院学报(哲学社会科学版)，2000年第5期。

 190　苗族服饰结构研究

裙外饰羽毛带裙，裙带下端皆缀白色羽毛，由此得名"百鸟衣"[1]。百鸟衣为对襟、长袖、无领、无扣，有衣裙连属式和上衣下裙分属式两种形制，标本为清末民初典型上下分属制，保持着古老传统而可靠的氏族信息，标本地是贵州榕江县平永地区，为凯里苗族私人收藏（图5-10）。

a 百鸟衣上下连属式[2]　　　　　　　b 百鸟衣上下分属式（"张系藏本"）

图5-10 百鸟衣两种形制

### 1. 百鸟衣结构测绘与复原

百鸟衣由花衣、羽毛带裙、长裤、绑腿和精美的银饰组成。重大节日时，女子穿着盛装，或头绾高髻，髻上簪有银花，或头戴银围帕，上插凤鸟形银顶花，颈上戴一至三只麻花银项圈、银链，耳垂银环，腕戴银手镯等。上衣为对襟方袖，无领无扣，无衬里。整体图案工整，左右对称，后身比前身图案充盈，后身袖几乎布满。腋下有一部分和前身左右菱形图案一角均没有完全缝合，按今人习惯容易解释为增加透气性，而真正功用还有待考证。衣襟、领、肩、下摆和开衩缘饰为红、黄、绿相间的鸟、花卉、蚕等纹样，多采用平绣、贴绣等工艺。标本色彩斑斓，纹样豪放、原始，充满原生态，承载着苗族先民古老而神秘的氏族文化信息，值得做深入的民俗学研究。前身的肩、袖、背和衣摆等分布着精美绣片，以平绣的丝片贴花（丝缎作基布的绣片）为主。袖口周围用条型平绣装饰，后背绣片精美绝伦，以异形鸟、蚕、蝶纹为特色，充分表达了苗族族源的象征和祖先崇拜（图5-11）。

---

1 关于百鸟衣有一则美丽的故事：古时，苗家有一青年猎手阿町，善于射鹰杀虎，为民除害。有年冬天，寨上逢祭祀大典，举行隆重的芦笙舞会，因为没有新衣，阿町不能去参加舞会，他只好垂头丧气跑到山上，从寨中飘来的阵阵芦笙曲调，如凛冽刺骨的寒风刺着阿町的心。夜里，阿町在朦胧中做了一个梦，梦见树上身穿着各色羽毛的鸟，千姿百态，翩翩起舞，互相嬉戏，转眼间变成了件件鸟羽衣从树梢间飘落下来，覆盖在他的身上。第二天醒来后，他兴奋地跑进林间打来一百多只鸟带回家中，交给母亲，并让母亲按照梦中的百鸟穿的衣服制成新衣。后来，阿町穿着百鸟衣出现在芦笙会上，引得男女老少围观，个个称赞。心灵手巧的姑娘很快模仿，为自己的族人缝制百鸟衣，于是苗族百鸟盛装的传统便相习成俗。
2 图片来源于《中国苗族服饰图志》。

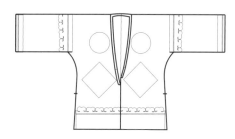
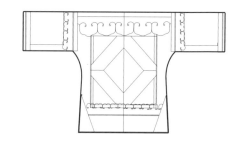

a 百鸟衣标本及款式图

b 标本腋下和前身菱形绣片未缝处

图 5-11 百鸟衣标本和局部

标本面料为自织自染的青色亮布，亮布用特殊的动物血浆配方和工艺染制，质地硬挺。标本由衣身和袖子两部分组成，被分割成A、B、C、D 4片，无领，无衬里，因此是否布边可以直接观察到，对认定布幅与结构关系很有帮助。袖子与衣身面料都为亮布，袖长36cm，内折2cm袖口贴边，因此在无衬里的情况下袖片保持结构完整，以两边为布边确定布幅约为38cm。衣身前后等长且中缝与接袖线均为布边，因此幅宽也为38cm，即衣身A、B片与袖子C、D片均为一个布幅。接袖与衣身重合2cm。这与袖片覆缀装饰绣片有关，也证明了苗族服饰绣片与服装结构的紧密关系，而形成结构与刺绣同形同构的"苗系"形态，不变的是"十字型平面结构中华系统"，而成为中华民族"一体多元"的生动实例。在方法上，标本测量数据和结构图复原显示，百鸟衣结构分割设计是根据布料的幅宽布局的，是对襟衣结构"整裁整用"的又一直接实物证据。这也与百鸟衣坚守贯首衣传统结构有关，因为这会使它的用料更加充分，标本排料实验也证明了这一点（图5-12、图5-13）。

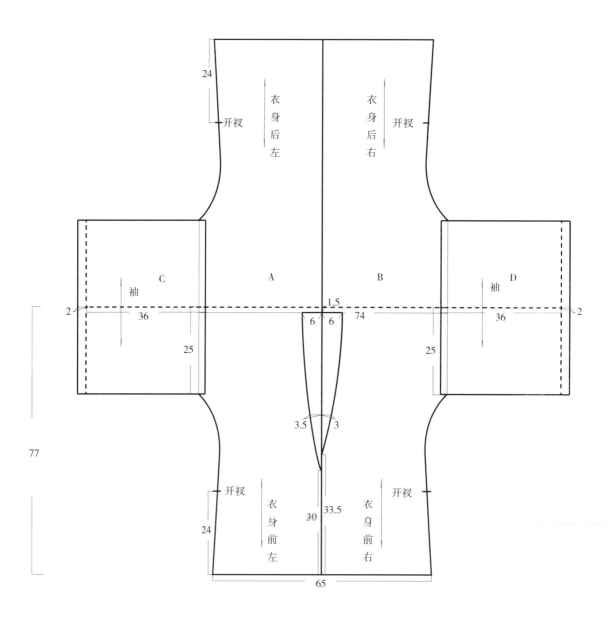

图 5-12 百鸟衣标本测绘与结构图复原

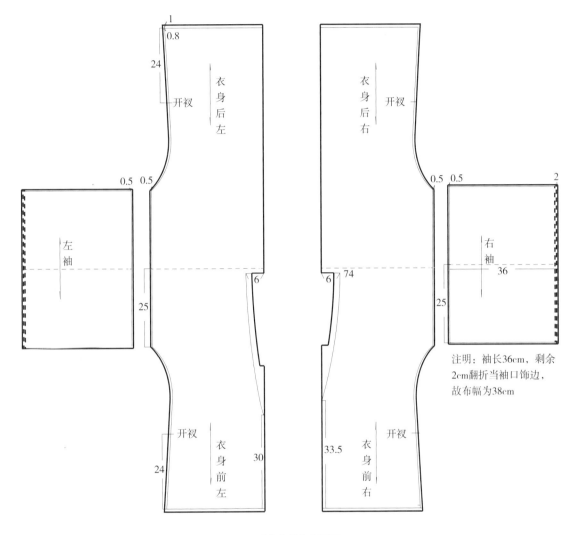

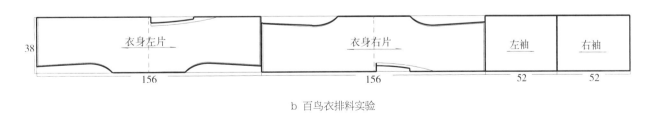

a 百鸟衣结构分解图

b 百鸟衣排料实验

图 5-13 百鸟衣结构分解图及排料实验

## 2. 百鸟衣绣片、饰边结构测绘与复原

百鸟衣上绣满了鸟蚕鱼虫和蝴蝶花草等图案。其中鸟对苗族先民来说是重要的图腾，是本民族祖先的象征符号。人们集百鸟于一身，在衣服上刺绣出抽象写意的蚕鸟形，表示怀念与崇敬祖先。百鸟衣纹饰皆左右对称，胸饰为圆形回纹，腰饰为菱形蝶纹，摆饰为左右对称的回纹和蝠纹组合体，背饰采用"鸟蚕组合纹"，呈菱形配四角结构，中心菱形有四个鸟蚕回纹构成，四角由对鸟蚕纹和对蝶纹构成，使鸟蚕纹成为视觉中心。

在不同的绣片和饰边布局中，鸟的样式千姿百态、变化多样，同时还配不同题材的图案作为呼应。绣绘在衣装上的图案是苗族史书无声的文字，表现了苗族民众的返祖观、宇宙观以及审美观。在百鸟衣上刺绣的各种变异的鸟纹，造型生动传神。以示自己是鸟的子孙，希望通过这种鸟的图腾与祖先沟通，得到祖先的认同。百鸟衣的款式、结构和装饰布局虽然有一定的程式，但创造它的苗族妇女在绣作时，又都会在固定的程式中加入自己的心愿，并随心而变创造新法，因此每一件百鸟衣又都是独一无二的。由于百鸟衣绣片内部都覆盖着剪纸样稿，因此，百鸟衣制作好后几乎不清洗。在苗人看来它是圣物，只有在盛大传统仪式时才穿戴。这种饰满鸟纹的苗族盛装"百鸟衣""锦鸡服"等就是苗族人民对鸟崇拜的精神认同和物化表现[1]。

百鸟衣纹样以鸟、蝶纹为特色，不论是整体还是局部都有许多动植物和其他自然形象的图案元素，从中透视出他们一种崇尚自然的宇宙观。对自然物象的模拟手法多样，运用了写实、写意、变异、虚化等方法，特别是局部的装饰图案，符号化明显，透露出史前图像化的文字特点，表现出苗族文化传统自然崇拜的深层根源。从另一方面反映了苗族先民在同自然斗争的过程中，善于利用和创造自然物象制作衣物、工具的古代生活画面，特别是后身中部和两袖反复出现的鸟与蚕混合的满绣图像符号，这种"后奢前寡"的构成表现出明显的通祖通神的功用。百鸟衣标本像一个苗族文化的缩影，述说着他们古老的物质文化和技术生态，这些贴近生活、取材生活所创造出的民族经典，成为我们研究苗族服饰文化的极具参考价值的一手材料（图5-14）。

1 廖晨晨：《"卉服鸟章"——苗族蚕片绣百鸟衣装饰研究》，《装饰》2018年第12期。

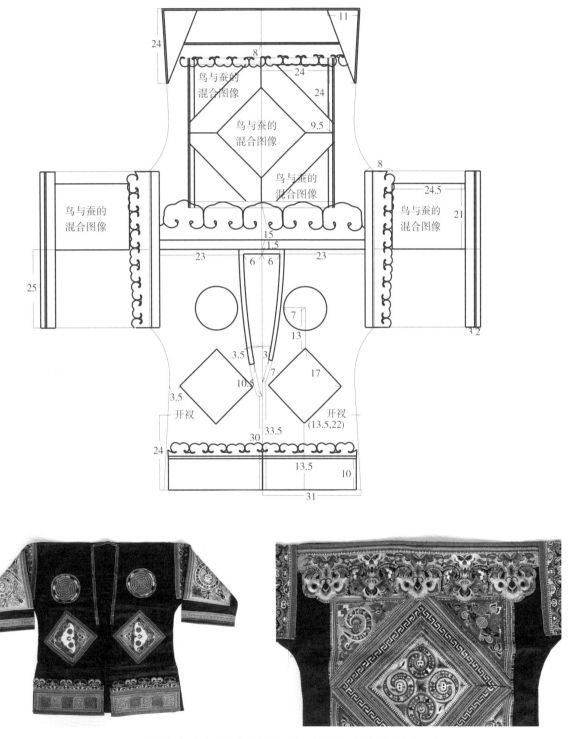

图 5-14 百鸟衣标本绣片饰边分布结构图复原与"后奢前寡"的鸟蚕纹

### 3.羽毛带裙结构测绘与复原

百褶裙外饰羽毛带裙，不具备掩羞保暖的实用作用，为典型的祭服，不能单独使用，它的结构形制也与祭祀仪规有关。标本由9条饰带组成，因为时间久远遗失一条，应为10条饰带（从标本饰带分布及纹饰判断）。饰带大部分为成对组合，从左往右1、6和9成组、2和8成组、3和5成组，4和7成单，说明遗失一条为其中之一，每个饰带下端饰成组羽毛，每组皆缀羽毛3到4根，9条饰带每条系三组，加上遗失1条恰好100根羽毛，也应验了百鸟衣的说法，成组羽毛分二红一绿和二绿一红两种形制，整体呈强烈的教俗密符，是典型的古老祭服遗存（图5-15）。

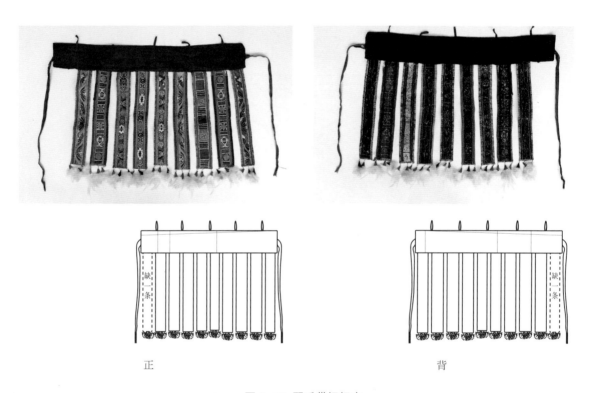

正　　　　　　　　　　　　　　背

图 5-15　羽毛带裙标本

羽毛带裙分裙腰和裙带两部分，裙腰为青色亮布，宽为14cm，长为99cm，双层，由零碎亮布拼接而成，尺寸不规整。裙腰有5个扣襻，是为了方便与上衣连接，说明是与百鸟衣成一体的祭服，裙腰两端有系带，穿着时系在百褶裙外。裙面每条带子下端有3组羽毛装饰，总共约10根，10条带子约100根羽毛，故称百鸟裙。相传之前100根羽毛取之于百种鸟，现因禁猎等原因，改用鸡毛或鸭毛替代，这并没有改变苗族氏族文化"鸟图腾"的传统，这样就能理解，百鸟衣后身满绣的鸟蚕混合图像符号的功用了，将它们沟通起来，便是每条裙带中各不相同的"通文"。"通文"图案的内涵有很高的研究价值和民族学意义。裙带面料是以家织的土布或红、粉红、黄、绿、紫等彩色锦缎丝绸缝制而成。缝制前先作绣纹，每条缎带上的绣纹各具特色，绣满蝴蝶、鸟、花草等纹样，总之必须是自然动植物的符号化处理。在苗文化传统看来，自然之物的意象化（符号化）处理，才能通祖通神，从而构成百鸟衣独具苗文化的经典"史书"（图5-16）。

苗族的"卉服鸟章"和鸟蚕绣百鸟衣装饰，从一个侧面体现苗族悠久历史的传承脉络和民族文化的博大精深，展现其特有的审美趣味、丰富的服饰文化和精湛的刺绣技艺。它们共同叙写着苗族的历史文化，不管是它的款式、图案还是色彩，都与自然有着密不可分的联系。百鸟衣不仅是御寒保暖的实用品，更是不可多得的艺术品，体现了苗族人民的聪明才智和对美好生活的憧憬。

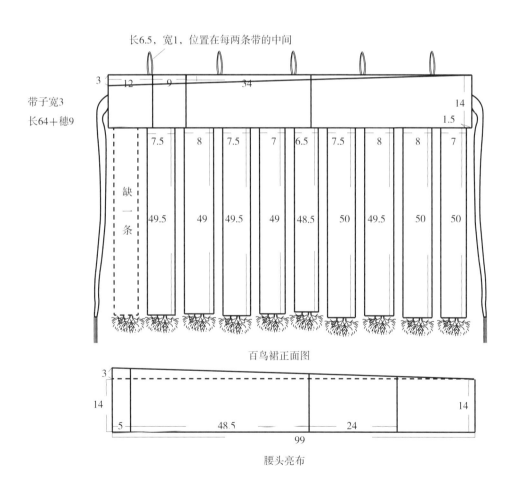

图5-16 羽毛带裙结构图测绘与复原

# 三、丹都式斜襟左衽衣结构研究与整理

　　左衽是我国古代少数民族区别于汉族服装形制的标志性特征，春秋战国孔子在《论语》中称"辫发左衽"意指"胡束"。少数民族统治的辽契丹族服饰以左衽为主，蒙元时本族虽以左衽为传统，但由于对汉族统治的需要倡推汉制，形成了左右衽共治的局面，甚至推行以右衽为正统。进入汉人统治的明初曾明令禁止左衽。然而在西南少数民族地区仍很流行，特别在贵州聚居的苗族"斜襟左衽衣"被完整地保存下来，就是在今天的苗衣中也存在着左右衽共治的情况，可见"斜襟左衽衣"是苗衣传统的活化石。斜襟左衽的特征是不对称的，右前襟大于左前襟，襟线从领部斜向左腹部呈左衽，类似汉人的右衽大襟。苗族摄影师吴仕忠先生在他的《中国苗族服饰图志》一书中记录了这种面貌，共收录苗族服饰173种，斜襟共有20种，而斜襟左衽衣只有2种，可见其形制之古老[1]。学术界普遍认为左衽衣与蜡染风格、亮布技艺共生，又因领背用白布蜡染，故又称"白领苗"，根据地域主要分布在贵州的三都、都匀、丹寨等县[2]，因此取"丹"和"都"的合成词，称"丹都式"。获其典型标本，可谓斜襟左衽、蜡染风格和亮布技艺于一身，成为破解苗族"斜襟左衽衣"结构背后的文化信息与学术谜题之关键。

## 1. 斜襟左衽衣背景信息

　　标本是凯里苗族私人收藏的传世品，形制呈斜襟左衽直方领，其所保持的基本形制是从苗族服饰中最古老和最具代表性的贯首衣结构与斜襟左衽结合演变而来（苗族至今依旧保持这种形制，如海南的传统苗衣），因此它可以视为苗族服饰的祖衣类型。斜襟左衽形制独特，领口呈竖梯形，为方领，又称"祖领"，多见于唐代，最初为胡人所穿，至唐中期开始流行，男女皆用。斜襟左衽衣虽保留了一些唐代服装的遗风，但因左衽服装流行于元代，所以，苗族妇女的斜襟左衽衣很可能初现于元形成于明。此标本来源于贵州凯里私人收藏，标本地为贵州丹寨县扬武镇，根据样本质地、做工和图案风格等因素判断为民初苗女盛装。通过与图像文献对比，标本的亮布、蜡染与斜襟左衽的组合规制完全吻合（图5-17）。

1 吴仕忠：《中国苗族服饰图志》，贵州人民出版社，2000，第222-224页。
2 席克定：《苗族妇女服装研究》，贵州民族出版社，2005，第75-91页。

图 5-17 斜襟左衽衣形制与蜡染制作[1]

### 2. 斜襟左衽衣结构测绘与复原

　　丹都式斜襟左衽衣，该支系自称"嘎弄"，他族称之为"白领苗"[2]。标本与其他型支系有所不同，有冬夏服之分，虽形制结构图案相同，区别在于除袖子外冬季上衣衣身有棉花作衬里夹层，这样可以使身体保暖又不影响手臂活动。此标本为丹寨典型夏季上衣，无衬里，左衽开襟领配合梯形竖方领，左衽襟缘以布带系结。肩部、领子、襟缘以红布为底，绣以花枝鸟蝶等变形图案，衣背靠近领围及两侧接袖处用蓝白、橘黄、红等彩色蜡染双漩涡纹图案，袖口为宽5cm的白色斗纹布装饰。衣身为靛蓝加血浆配方染成青色，再加之蛋清或牛胶锤制而成青色亮布。后腰钉有两条红地折枝纹绣片，平绣与蜡染结合是白领苗主要的工艺手段。如此并非单纯装饰，而承载着主人一生的身世和明示古老族属的信息（图5-18）。

---

1 图片来源于《中国苗族服饰图志》第223页。
2 "国立故宫博物院"：《银璨黔彩》，四海电子彩色制版股份有限公司，2015，第27页。

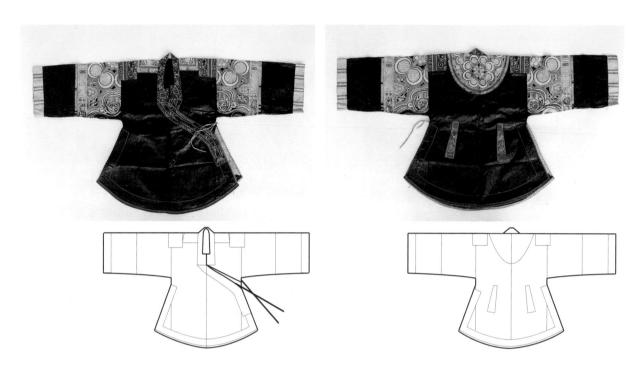

图 5-18 白领苗斜襟左衽衣标本与外观图

### （1）主结构测绘与复原

标本主结构为亮布，由衣身、袖子和里襟三部分组成，被分割成A、B、C、D、E、F、G、H、I、J、K、L 12片，再加入单独的里襟共13片。最独特的是衣身A、B片为一个布幅，前后中虽有缝合线却未破开，即缝而不破。A、B片两端均为布边，为46cm，加上缝份约为47cm，故布幅宽约为47cm。衣片整幅使用也是贯首衣的传统方法。衣身两边采用接袖结构，两袖均有三个接袖片，由C、D、E、F、G、H 6片组成，只有E、F为亮布，纱向与衣身纱向相同，C、D、G、H 4片为白色斗纹面料作基布加入蜡染工艺做成接袖。衣身前后下摆两侧均有亮布的三角侧摆，4片三角侧摆均为直裁。三角侧摆结合接袖片利用布幅宽度"整裁整用"可谓巧妙经营。如此以牺牲"美观"满足节俭为准则增加下摆的活动量，实为苗衣"人以物为尺度"智慧之法的经典案例（图5-23）。标本主结构中间缝而不破的设计，是由布幅决定设计的"敬物"理念所致，尽可能保持织物的完整性以保全原物面貌，这已上升到非物质追求的造物理念，当其寿终正寝时（衣片还保持着完整性）还可以另外一种形式最大限度地另作他用。这很像今天高尚逝者遗体完整捐献的精神。精神上的推动会产生无穷的智慧，因此斜襟左衽衣的中线"缝而不破"是因为有利于连裁大襟所制：左衽襟线必须剪开，这样必然出现亏损，如果在中线缝合一定量就会弥补亏损，又使整幅布保全，这确是苗人智慧。主体结构测量数据和复原显示，标本结构分割设计都与布料的幅宽密不可分，成为古老苗族斜襟左衽衣古法节俭思想的智慧表达。然而主结构中间"缝而不破"或承汉制（清以前的古代上衣结构均为"中缝制"），但又与汉制的"中缝必破之"不同，这既是苗族服饰科技史的重要发现，也是苗族物质文化的学术发现（图5-19）。

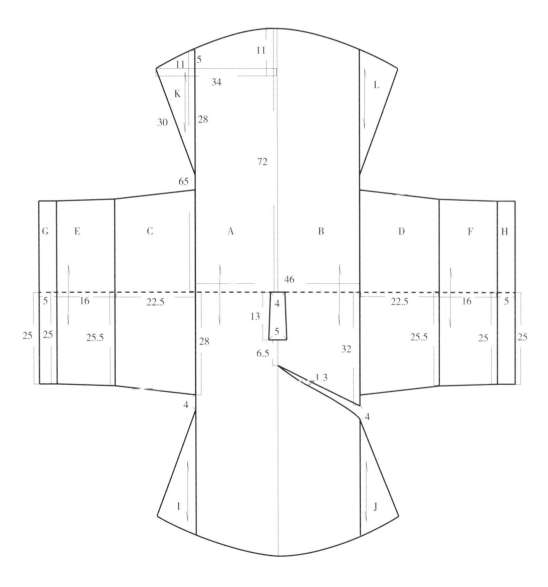

图5-19 白领苗斜襟左衽衣标本主结构图复原

（2）里襟结构测绘与复原

标本里襟为单独一片，更多起到搭门作用，也是弥补斜襟线剪开的亏损。里襟面料与衣身亮布一致。里襟结构图复原为直角梯形，直角边为布边，宽度为13.5cm，上边长为29cm，下边长为34cm，斜边裁剪不规则，上边长与衣身缝合，缝份为0.5cm，上边长缝合出现的多余量折叠成短边为4cm，长边为7.2cm的三角形作为里襟的贴边。在主结构展平状态下，里襟显露出来的量约为1.3cm（见图5-20）。里襟贴边宽为1.2cm，里襟延伸的饰边在直角边为6cm的梯形，里襟饰边是配合大襟饰边而设。里襟的重叠量不选择全里襟（与汉人不同），在劳作时可通风散热，且不失外观完整，在不露出里襟的情况下尽量地节约（比中原传统汉服要节省很多），苗衣做到了极致（图5-20）。

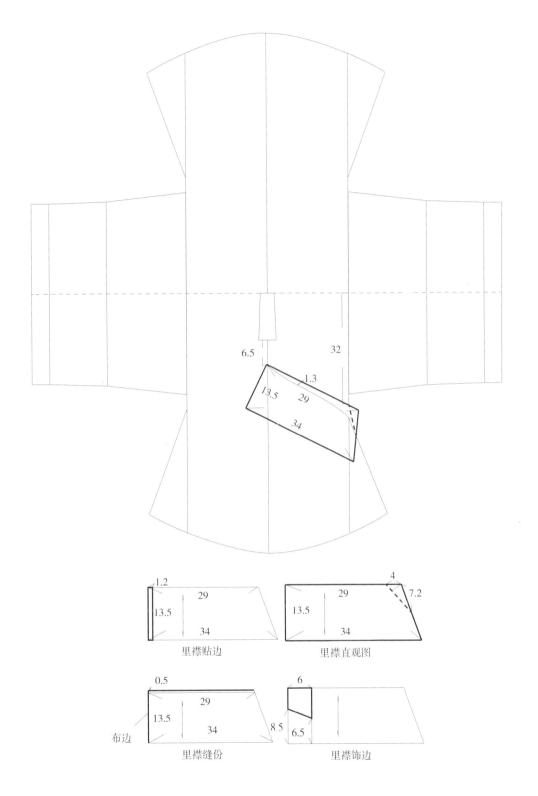

图5-20 白领苗斜襟左衽衣标本里襟结构图复原

### （3）饰边的背景信息与结构图复原

白领苗斜襟左衽衣的人文信息主要表现在饰边图案中，以双线漩涡纹蜡染纹样为主，苗语称"窝妥"，意为蕨叶，有旋转不息、生命长久绵延不断之意[1]。饰边的分布也依据"布幅决定结构形态"的思想指导设计。饰边并非装饰，它主要有两个功用，一是表达族属图腾和世生信息，二是保护服装，延长服装的使用寿命。这种节俭的传统意识已经上升到美好的愿望，因此在肩部、领口及斜襟处饰以最美好的图画和用最精湛的技艺装饰它，最具代表性的是平绣和蜡染。平绣即指在基布上描绘或贴好纸膜后，以平针走线的一种刺绣方法，其特点是单针单线，针脚排列均匀，纹路平整光滑，具有耐擦耐磨的特性[2]。凡装饰的部位往往比较容易磨损，他们借助刺绣装饰把服装进一步加固，磨损的绣片不能使用时可以单独替换下来，以此增加服装的使用价值和延长储藏时间。蜡染古称"蜡缬"，是我国古代传统染缬工艺，自秦汉时期，我国西南地区少数民族就开始用蜂蜡制作日用织物。最早记载少数民族蜡染工艺的文献是宋代朱辅的《溪蛮丛笑》："溪峒爱铜鼓，甚于金玉。模取铜纹，以蜡刻板印布，人靛渍染，名'点蜡幔'[3]。"苗族蜡染"窝妥"纹有明显的氏族图腾崇拜文脉，后领半圆肩部的蜡染装饰可以视为白领苗的图腾，明示区分于其他支系。蜡染除蓝白色外，还间以赭黄色（用黄栀子汁染制），衣背肩处蜡染用12个窝妥，8个整体窝妥加4个两两组合。在苗族文化中，12是代表一年12个月生命轮回的吉祥数字，左右两只衣袖分别由4个圆形窝妥组成[4]。传说窝妥纹是苗族祖先最早创立的图符，后代为了表示对祖先的崇敬和怀念而传承下来，这是一种族属特定图案，不能随意改动。

窝妥的排列规律：领背上是完整图案，由8个圆形漩涡纹围着中心一个古钱纹（贯珠纹）或者一个铜鼓纹构成同心图案，左右袖的蜡染也分别由1个圆形窝妥组成，两只袖合起来也构成一个完整的图像。8个螺旋纹分四组，每组为2个圆形旋涡，一反一正，右为阴，左为阳，一阴一阳谓之道，阴阳相合化

---

1　丁朝北、丁文涛：《丹寨苗族衣袖上的"窝妥纹"》，《装饰》2003年第9期。
2　鸟丸知子：《一针一线》，中国纺织出版社，2011，第80—82页。
3　(宋)朱辅：《溪蛮丛笑》说郛本第六十七，清顺治四年刻本，贵州省图书馆藏。
4　李进增：《霓裳银装》，文物出版社，2012，第6页。

生万物，既是苗族人民企盼民族繁衍兴旺发达的寓意，也是强烈关注生命本体的表征[1]。窝妥纹遵循了生命繁衍的秩序原则，在传统观念里，单为阳，双为阴，认为阴阳相合化生万物，生命的繁衍最终还要通过女性来完成，窝妥代表苗族母系氏族社会信息，所以必须用双线漩涡纹，且在绘制这种传统纹样时，必须在整齐均匀的双线平行圆弧规范下，同时旋转到中心交汇，由此创造了一种双线漩涡纹蜡刀工具。千百年来苗族妇女一直把窝妥纹描绘在领和袖两个重要的装饰部位，起到提纲挈领的作用以明示氏族归属[2]。无疑这些信息带有苗汉文化融合的痕迹（图5-21）。

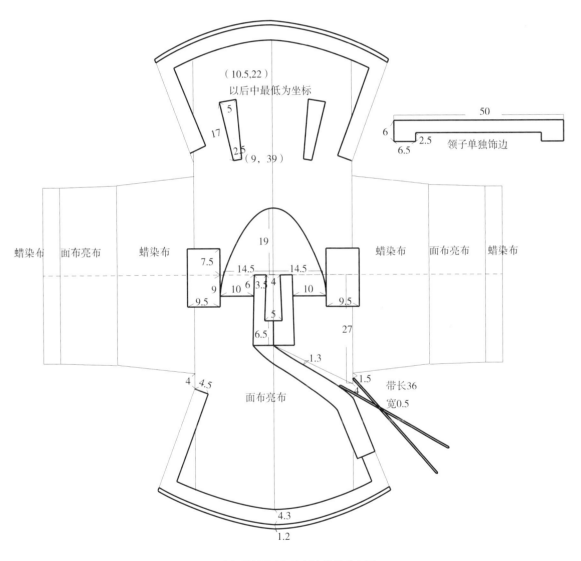

a 白领苗斜襟左衽衣标本饰边分布图

---

1 杨路勤：《丹寨苗族蜡染纹样的文化内涵》，《凯里学院学报》2015年第4期。
2 刘琦：《丹寨苗族的窝妥纹》，《饰》2006年第1期。

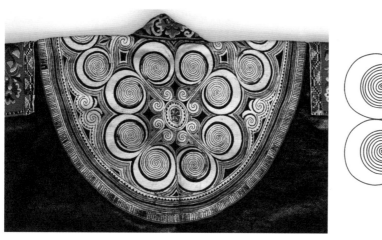

图5-21 白领苗斜襟左衽衣标本饰边分布与领背饰图案复原

蜡染布片都是先制成蜡稿，再染色褪蜡后与服装缝制，缝制时也是根据结构走势，结构决定着饰边的布局。袖中段只有蜡染装饰布左右与亮布拼接，后肩部半圆的蜡染布以衣身作基布缝缀，保持衣身布幅的完整性。装饰部分比衣身裁剪缝制复杂，因此先损坏的部分往往是装饰部分。装饰部分一旦损坏，可以拆下来另作它用，衣身保存完好再另加蜡染布片继续使用，这样既可以物尽其用又能延长服装寿命，这在古人看来美好的饰物与其说是物理的保护不如说是精神的庇佑，因为它们可以通祖通神（见图5-21b）。

**（4）贴边结构测绘与复原**

标本为夏季用服，无衬里，贴边就必须依据主结构精准设计。贴边主要分布在下摆、两侧开衩和开襟边缘。贴边大小与衣身所对应的饰边，除下摆外其他保持一致。贴边主要有两个作用，一是加固下摆、开衩、襟边比较容易磨损的地方，使整件服装的寿命延长，另一个功能是美观，遮挡作缝。衣身下摆的贴边与衣身连裁多出1.2cm内折边把毛边扣光，下摆并未因弧形结构而单独裁剪，因为这需要额外用布和复杂的手工。在美观与节俭发生冲突时，一定首先选择节俭，在节俭的前提下求得美观。整件上衣全手工缝制，基本用平缝，缝份选择极少的用量，以布边为缝位的地方缝份只有0.3cm，其他的缝份也不超过0.5cm，缝份少一方面体现强烈的节俭意识，另一方面也必须配合精湛的工艺才不易脱纱。这样以技艺换取节俭的"造物观"只有通过这些细节结构的复原才可发现。贴边结构也不是有意设计，而是利用现有的边角余料。只有领子外装饰贴边面料用另布单独设计，通常用白色土布作胚布施以刺绣或蜡染，再精准地缝缀在所需的部位，这或许是白领苗的族徽（图5-22）。

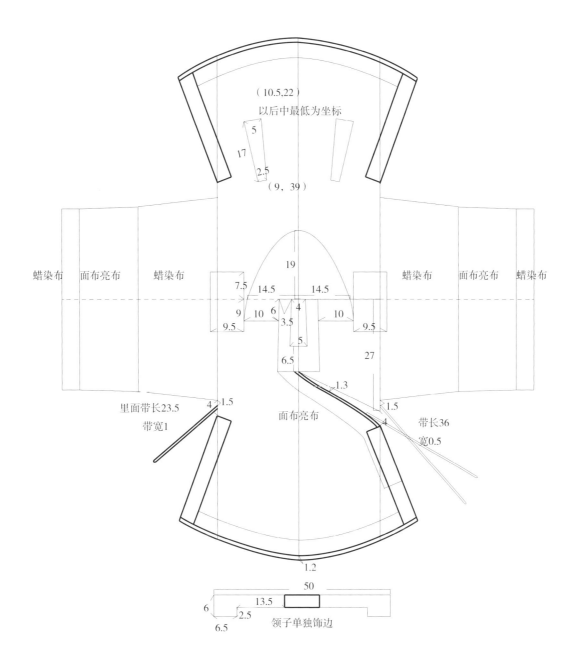

图5-22 白领苗斜襟左衽衣标本贴边分布图

### 3. 标本主结构的排料实验

在研究白领苗斜襟左衽衣结构上"摆片插角"[1]现象时发现，它是苗衣节俭裁法最精妙的经典案例，在计算中表现出布幅决定结构形态的经营用心。标本下摆两侧三角侧摆共4片，它们基本上构成直角三角形，其中2片长边为布边，2片长边为非布边，这说明它们巧妙地利用斜边直裁方法，结合袖接片完整拼合成一个布幅宽。这也可以通过倒推的方法，先有了一个既定的幅宽面料，"人"依据这个幅宽，以最节俭的方法去经营和布局。这个推论通过标本主结构的排料实验得到证实。

标本主结构亮布为衣身1片，领子1片，左右接袖各1片，里襟1片，前后三角侧摆4片，领子贴边1片，共9片。亮布面料硬挺且布边明显，又因标本无衬里可直观判断各部分裁片布边及各部分缝份情况，因此不难判断幅宽和纱向，以此得到较真实客观的排料方案。衣片宽的两边是布边，说明出自一个布幅，约为47cm，只是左袖接缝一边为布边，4个插角侧摆只有2处斜边为布边，里襟的直角边为布边，领子贴边是非布边。为了最大程度地利用面料，保持布幅的完整性，模拟裁剪的实验排料图，排料模拟实验结果与标本所有裁片布边一一对应，保证了实验的合理性与还原的真实性。根据排料复原实验的结果计算，共用亮布约250cm，裁剪面料的使用率高达99%（图5-23）。

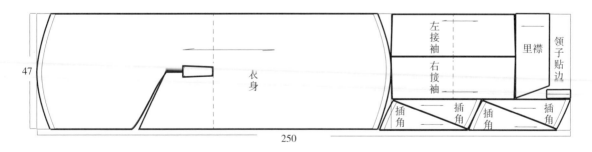

图5-23 白领苗斜襟左衽衣标本主结构排料图实验

---

1 陈果：《氆氇藏袍结构的形制与节俭计算》，《纺织学报》2016年第5期。

# 四、结语

　　从黔东南苗族三个典型服饰标本的信息采集、测绘和结构图复原的系统分析，舟溪式花衣、雅灰式百鸟衣和丹都式斜襟左衽衣都表现出古老贯首衣结构的继承性，衣身保持两个布幅或一个布幅，斜襟左衽衣增加侧摆插角，也是在布幅内，利用四个直角三角形"斜边直裁方法"，实现了在一个布幅中增加摆量的效果。袖片也采用方形结构，整体上形成"规格化"的苗衣古法"整裁整用"的结构系统。苗族古属地黔东南物产匮乏，制作面料不易，在顺应自然、追求天人和谐的传统文化影响下保持整片布料投入绣工染技是最节俭的方法，同时又寄托了心愿。且无论是主服还是配饰，都是为了力图节俭而创造了独特的结构形制和技艺智慧。黔东南典型服饰是苗族传统服饰的活化石，它坚守节俭的结构设计与布幅密不可分的原则，也就形成苗族讲究取纵向直纱拼缝，让布料的经线与服装的纵向平行，这样使"整裁整用"更客观地实现"人以物为尺度"的精神寄托，也就是当实现"物尽其用"的时候，内心会变得更加踏实，否则斜襟左衽衣为保全整幅衣身，中线"缝而不破"的巧妙匠作就不会呈现在我们面前。

# 五、本章标本信息图录

## 1. 舟溪对襟衣标本信息图录

### 基本信息

时间：晚清

产地：贵州凯里市舟溪镇

形制：由贯首衣结构演变的对襟衣和围腰套装

来源：私人收藏

正视

背视

围腰

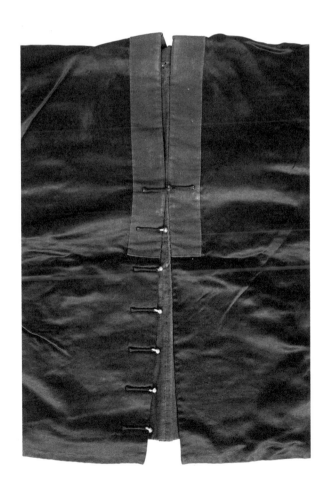

左右襟缘等长，一对盘扣，六个锡质扣

前襟下摆打开与两侧衩形成良好的活动功能

袖饰纹样以肩线为中心前后对称分布

后摆与前摆平齐，短衣设侧衩可以很好地与围腰配合使用

围腰纹样风格与袖饰统一

围腰采用多种方法的满绣满缀，纹样有明显的族属象征

围腰满绣满缀与流苏之间为密集的锡片

左袖饰和右袖饰呈对称分布

右袖饰

## 2. 丹都斜襟左衽衣标本信息图录

**基本信息**

时间：晚清

产地：贵州凯里市舟溪镇

形制：斜襟左衽直方领衣

来源：私人收藏

正视，斜襟左衽，蜡染和亮布为其原生的基本要素

背视

直方领、肩饰刺绣细节

两侧袖饰跨越前后呈对称状态

大襟打开两侧贴边为另布，底摆贴边连裁

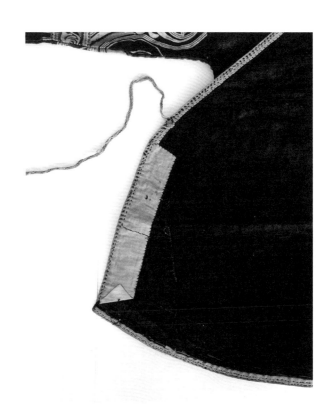

大襟内贴边细节

大襟打开里襟细节

两侧开衩打开均用另布贴边

摆缘用绣带绲边，衩摆白色明线固定内贴边

"半圆肩背"系跨越肩背命名，大半分布在后肩部，涡形纹饰用双线蜡刀蜡染制成，苗语称窝妥

蜡染"半圆肩背"12个呈对称的窝妥纹，对应一年12个月

正视左蜡染袖饰（由旋涡、回纹、花卉纹组成且前后对称，含教俗密符，袖口均有另布明贴边）

正视右蜡染袖饰

背视左蜡染袖饰

背视右蜡染袖饰

背视腰部左右梯形饰件，由变形花鸟纹组成，含教俗密符

梯形饰件细节

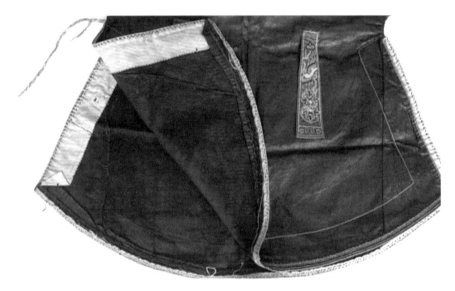

背视下摆左侧打开状

背视右侧衩打开内部贴边细节

## 3. 都匀对襟衣标本A信息图录

### 基本信息

时间：晚清

产地：贵州都匀

形制：一字领对襟短衣

来源：私人收藏

正视

背视

左右襟缘等长，短衣不用交襟穿法

正视由腰饰和摆饰两部分组成且用多种绣法制成，整个下摆、开衩有滚边

前襟下摆打开，摆以上有衬里，可呈现摆饰绣法针迹

两侧袖饰跨越前后呈对称状态

前视下摆各种绣法细节，族属图符明显

正视左袖饰（均由蜡染袖饰和刺绣袖缘组成）

正视右袖饰与左袖饰对称

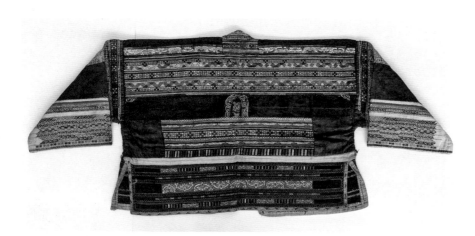

背视绣饰整体面貌，下摆绣与族徽居中

背视下摆各种绣法细节

背视由背饰、族徽、腰饰和摆饰组成，侧衩处在摆饰区域

背饰和族徽细节

背视左袖饰细节

背视右袖饰细节

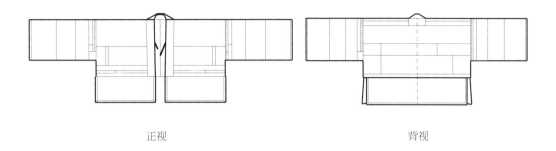

正视                                      背视

标本A外观图

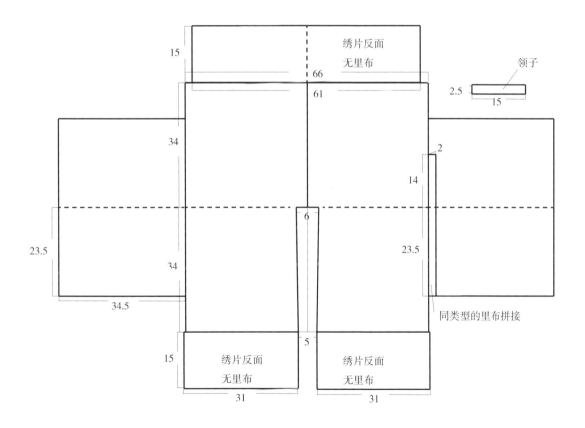

标本A主结构

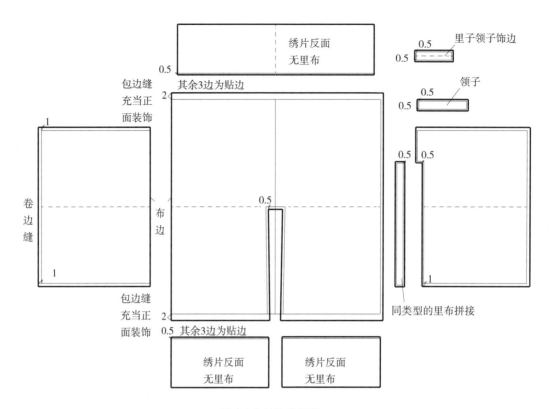

标本A主结构分解图

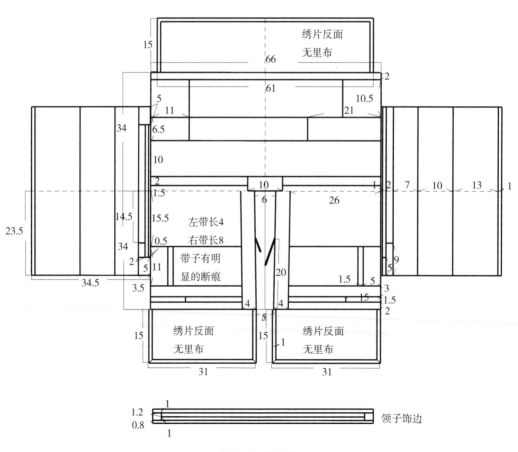

标本A饰边结构

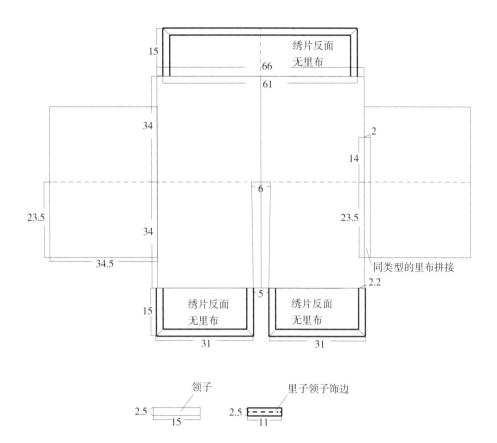

标本A贴边结构

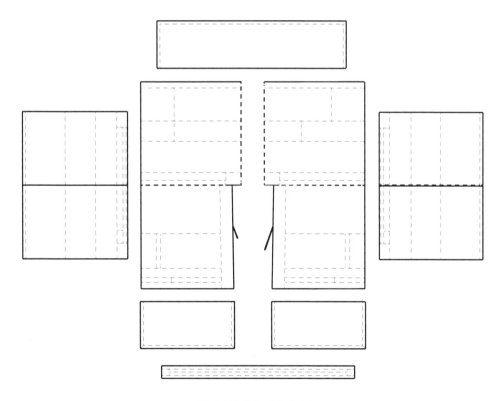

标本A结构饰件分布图

## 4. 都匀对襟衣标本B信息图录

**基本信息**

时间：晚清

产地：贵州都匀

形制：一字领对襟银扣短衣

来源：私人收藏

正视

背视

正视由腰饰和摆饰两个部分组成且用多种绣法制成

左右襟缘等长，中部有银扣

正视腰饰和摆饰连接处为"羽式"工艺，是都匀对襟衣一大特点，也是苗衣结构的重要特点

前襟下摆打开与两侧衩形成良好的活动功能，只有底摆有绲边

前襟下摆打开，可呈现摆饰绣法针迹，摆以上有衬里

襟缘中部银扣采用满纹錾刻工艺，内圆外方对应天圆地方

银扣采用子母扣套装结构

两侧袖饰跨越前后呈对称状态

左袖缘满绣万字纹细节

右袖缘满绣万字纹细节

正视左袖饰（均有上饰、中饰和缘饰组成）

正视右袖饰

背饰多种绣法细节

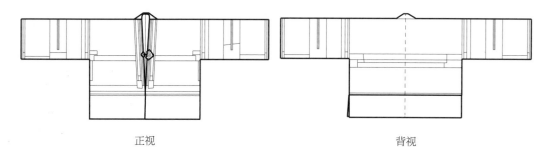

正视                                                     背视

标本B外观图

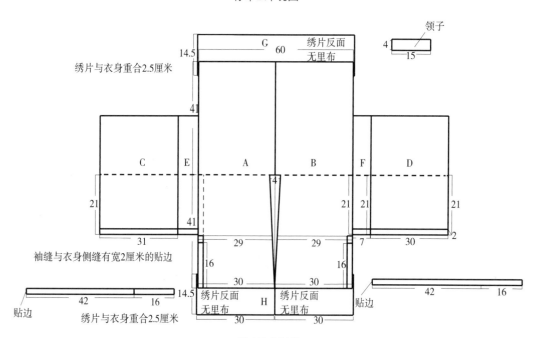

领子

4 ─ 15

绣片反面
无里布

绣片与衣身重合2.5厘米

14.5  G    60

41

C    E        A      B        F    D

21            4              21  21        21

31            41

袖缝与衣身侧缝有宽2厘米的贴边            29    29    7    30    2

16            16

42    16                  30    30        42    16

贴边    14.5  绣片反面    H    绣片反面        贴边
绣片与衣身重合2.5厘米    无里布    无里布

30    30

标本B主结构

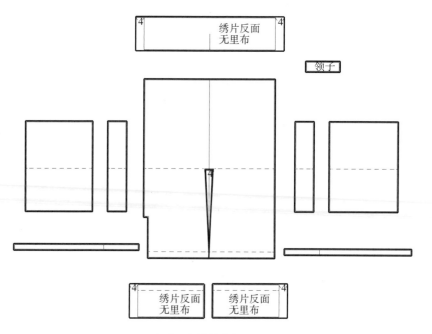

4                绣片反面        4
无里布

领子

绣片反面    绣片反面
4  无里布    无里布  4

标本B主结构分解图

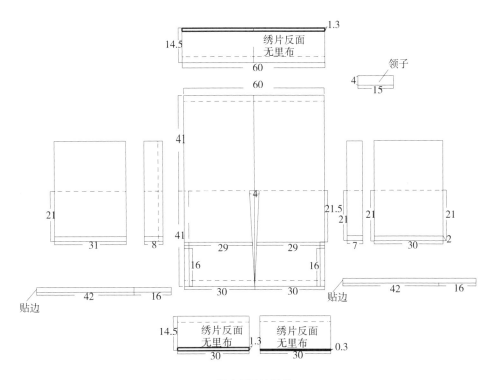

标本B贴边结构

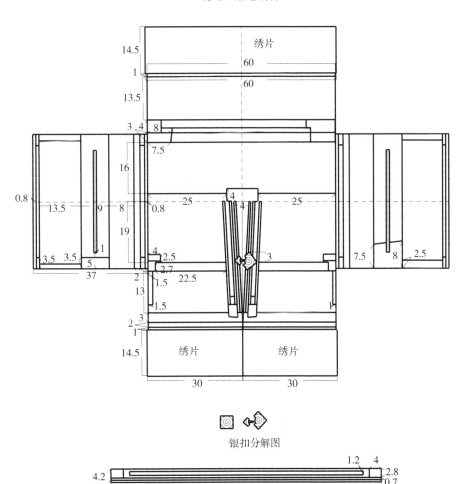

银扣分解图

领子饰边

标本B饰边结构

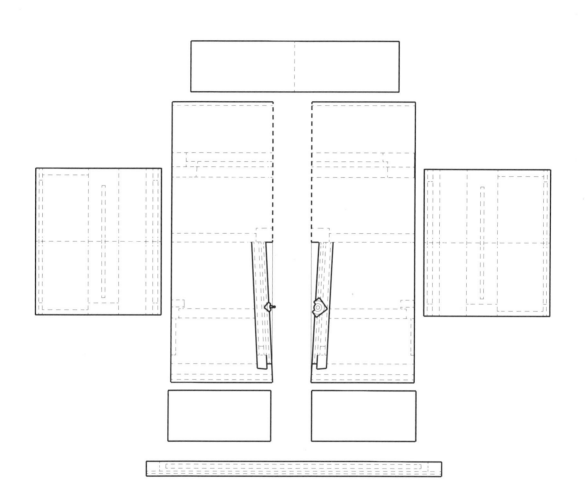

标本B结构饰件分布

## 5. 雅灰百鸟衣标本信息图录

### 基本信息

时间：清末民初

产地：贵州榕江县平永镇

形制：一字领对襟衣套装

来源：私人收藏

正视

背视

羽毛带裙

羽毛带裙由10条饰带组成，标本遗失一条，从标本饰带纹饰判断，大部分为成对组合（从左往右），1、6和9成组、2和8、3和5成对，4和7成单，说明遗失一个为其中之一，每带下端饰三组羽毛，每组三或四支羽毛，总共100支，百鸟衣称谓源于此。整体呈强烈的教俗密符

9条饰带均系三组羽毛，羽毛分二红一绿和二绿一红两种形制

背视羽毛带裙

背视腰带与系带连接处的"印章"信息

正视由胸饰、腰饰、摆饰和袖饰组成，领缘用绲边

领缘绲边用织带完成

胸饰为左右对称的圆形回纹

腰饰为左右对称的菱形蝶蝠纹

摆饰为左右对称的回纹和蝠纹组合体

摆饰回蝠纹细节

前襟下摆打开与两侧衩形成良好的活动功能

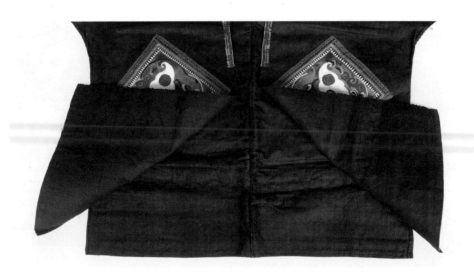

前襟下摆打开，衬里采用规整工艺处理

正视左袖饰（为上饰和缘饰两段，后绣饰为三段）

正视右绣饰

背视，由肩饰、背饰、摆饰和衩饰组成，且采用多种绣法满绣

背饰采用蝶蝠组合纹

背饰呈菱形配四角结构，中心菱形由四鸟蚕回纹构成，四角由对鸟蚕纹和对蝶纹构成

中心四团鸟蚕回纹，外廓菱形万字回纹，对应天圆地方

摆饰与两侧衩饰，呈对称结构

背视侧衩打开状

衩饰细节

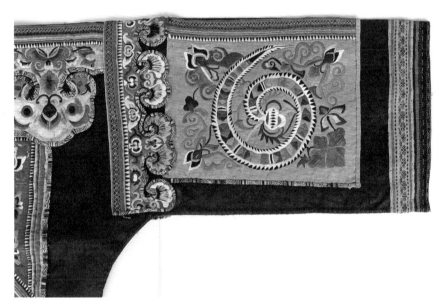

背视右袖饰（由上饰、中饰、缘饰组成）

背视左袖饰与右袖饰对称，中饰天圆地方鸟蚕纹与背饰鸟蚕回纹互映

## 6. 侗族从江百鸟衣标本信息图录

**基本信息**

时间：清末民初

产地：贵州从江县信地村

形制：一字领对襟衣套装

来源：私人收藏

正视

背视

羽毛带裙

羽毛腰饰

领缘、肩饰为不对称涡纹

衣身由涡纹、天象纹和几何纹组成，表现出
教俗密符

前襟下摆打开呈满衬里，工艺规整

左袖饰跨越前后，纹饰不规则

右袖饰跨越前后，纹饰不规则，左右袖饰亦不对称

背饰由肩饰、腰饰和摆饰三段组成，三段纹饰衔接紧密

腰饰和摆饰细节

背视左袖饰

腰饰悬挂五个涡纹坠饰，并在末端悬珠串羽毛

涡纹坠饰细节

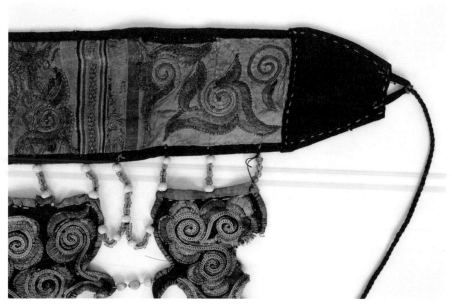

腰带与坠饰连接细节

 　苗族服饰结构研究

侗族百鸟衣套装标本

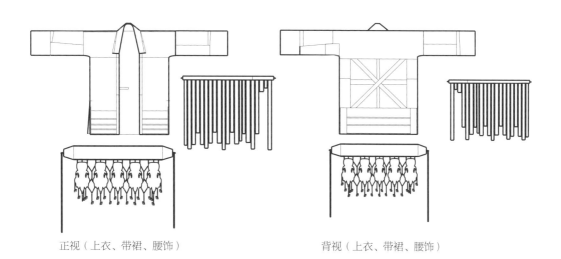

正视（上衣、带裙、腰饰）　　　　　　　背视（上衣、带裙、腰饰）

标本外观图

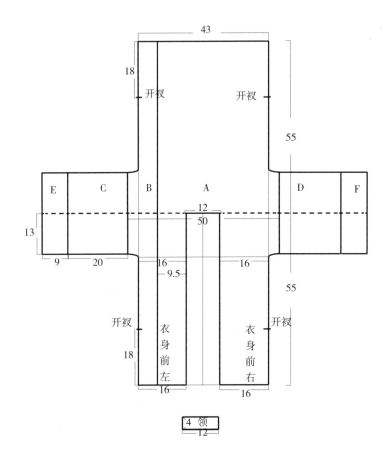

43

18

开衩        开衩

55

| E | C | B | A | | D | F |

12
50
13

9    20

16       16

9.5

55

开衩              开衩

18

衣身前左      衣身前右

16         16

4 领
12

标本主结构

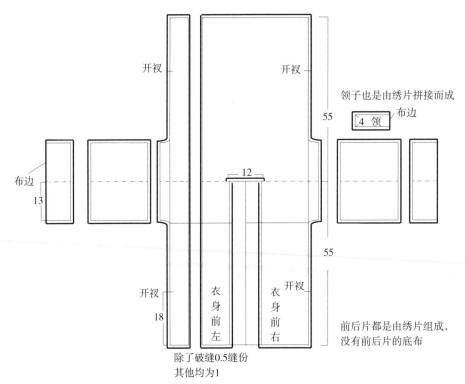

开衩        开衩

领子也是由绣片拼接而成
布边
4 领

55

布边

12

13

开衩            开衩

18

衣身前左      衣身前右

55

前后片都是由绣片组成，
没有前后片的底布

除了破缝0.5缝份
其他均为1

标本结构分解图

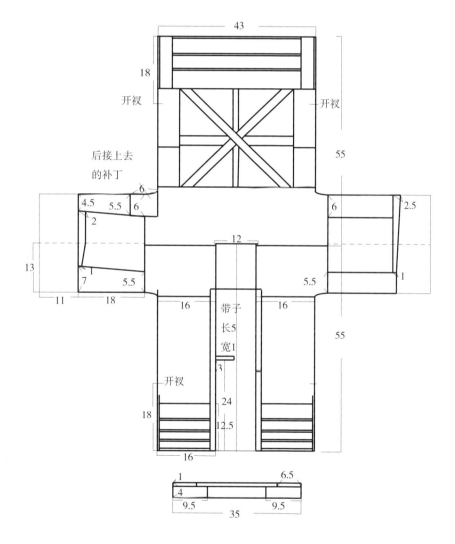

标本饰边结构

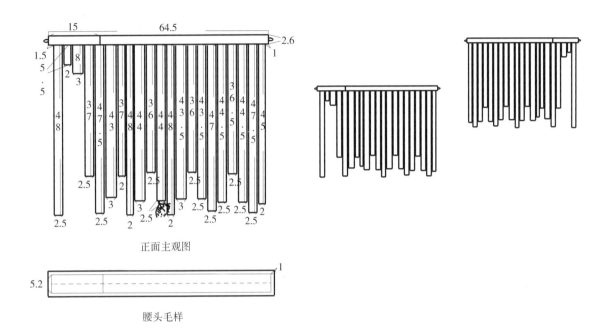

正面主观图

腰头毛样

羽毛带裙结构

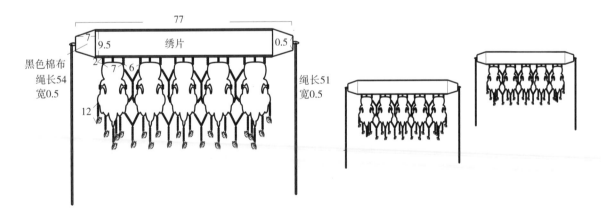

羽毛腰饰结构

## 7. 侗族背带标本信息图录

**基本信息**

时间：晚清

产地：贵州黎平县

形制：长方形双层复合背带

来源：私人收藏

正视

掀起表层状

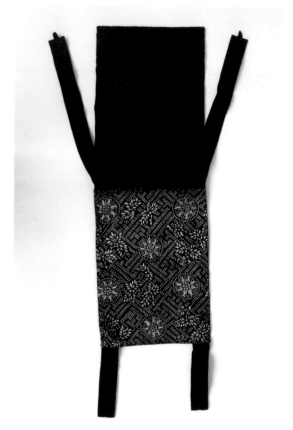

正视（表层打开）                     背视（表层打开）

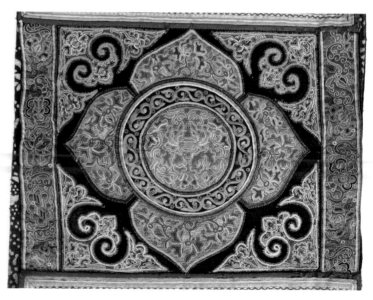

满纹刺绣分上中下三个部分          中心为花卉如意纹满绣

上段纹饰为三组复合组成

下段纹饰与上段左右相同，中间一组纹饰为多子寓意

衬里为花卉万字纹蓝印花布

正视　　　　背视

标本外观图

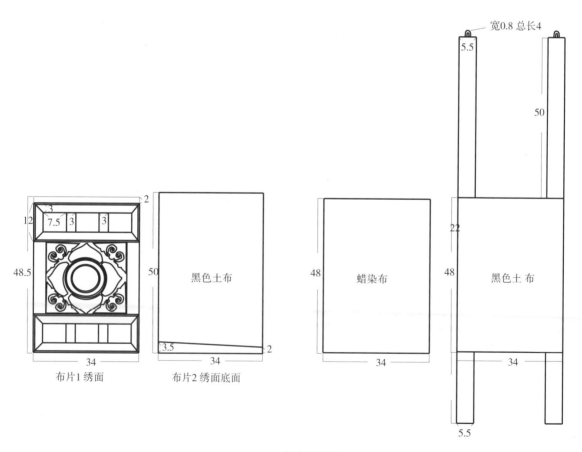

布片1绣面　　布片2绣面底面　　　　　　　　标本结构图

第六章

黔中南贯首衣结构
研究与整理

贯首衣是我国古代南方少数民族的一种原始的服装形态，堪称原生态服装的活化石，也是苗族最早的服装类型之一，今天在苗族服饰中仍有遗存。贯首衣最早见于《旧唐书》的记载，"南平僚……妇女横布两幅，穿中而贯其首，名为通裙"[1]。在《新唐书•南蛮传》也有相同记载，"妇人横布二幅，穿中贯其首，号曰通裙"。这便是对古时百越民族[2]所着服饰的描述。事实上贯首衣的历史可以追溯到新石器时代晚期，在今甘肃、青海一带的辛店文化中发现部分当时人类穿着贯首衣的原始彩绘及岩画。清代《百苗归流图》一书曾记载贵阳府属的苗族，男女皆着绣花"贯首衣"，是对今贵阳地区苗族贯首服饰的确切历史记录。

　　贯首衣在中华传统服饰中先于(对襟)交领衽式的形制，历史上南方少数民族地区长期广泛穿着，特别是贵州黔中南平塘地区苗族，至今仍保持纯粹而完整的贯首衣形制。它传统的平面制衣结构与种类繁多的装饰工艺是其一大特色。对贵州省平塘地区苗族及云南省麻栗坡彝族服饰标本的研究，为我们呈现其原始、完整的贯首衣面貌。经过标本的信息采集和分析，两者展开后均呈现中华服饰古老的"十字型平面结构"，是苗族先民采用"折纸型"的"几何级数衰减算法"实现的"整裁整用"，也是自然经济社会节俭思想最古老的实物证据之一。

---

1 席克定：《苗族妇女服装研究》，贵州民族出版社，2005，第76页。
2 "百越族"，即古越族。"百越族"是后人由"百越"引申而来，实际并无"百越族"这个民族，正确称谓是古越人，古越人是远古时代世居在南方百越一带的古老族群。"百越"是古代中原部落对长江以南地区诸多部落的泛称。因这些部落纷杂且中原人对他们不甚了解，故谓"百"。文献上也有"诸越"等称呼。岭南地区的西瓯、骆越部落衍化为今天的苗族、壮族、侗族、黎族、毛南族、仫佬族、水族等少数民族，南越部落衍化为今天广东地区的壮、瑶、黎族等少数民族。

# 一、平塘油岜贯首衣结构研究与整理

贯首衣又称"旗帜服""马鞍服"，被学术界认为是世界服装史上最古老的服装形制之一，平塘油岜贯首衣便是苗族贯首装的翘楚。上衣整幅布如折纸一般折叠成胸、背两片，在对折处中部剪开为横开领，原生贯首衣有横开领也有纵开领，领口为圆形或方形的被视为进化的贯首衣。苗族贯首衣主要分布在贵阳花溪、乌当及相邻的清镇市部分乡镇，以及罗甸、平塘、广西南丹交界的贞丰、安龙、兴仁，镇宁交界和广西隆林县德峨一带[1]。形制基本为上衣下裳制，上为贯首衣，下着百褶中长裙。在《中国苗族服饰图志》一书中，共收录苗族妇女服装173种，贯首装有11种，约占6%，是苗族最少的服装类型，而承载的神秘而古老的信息更有研究价值。所及样本为贵州省平塘县油岜乡贯首衣的典型，学界又称油岜式，主要分布在该县的油岜、鼠场、金桥等地。此标本为套装组衣，贵州凯里私人收藏传世品，是约50年前的服饰，年代虽近却保留着传统贯首衣的所有特征（图6-1）。

a 贯首衣着装状态[2]　　　　　　　b 贯首衣成套标本

图6-1 苗族贯首衣着装状态及成套标本

---

1 吴仕忠：《中国苗族服饰图志》，贵州人民出版社，2000，第223页。
2 图片来源于《中国苗族服饰图志》。

### 1. 平塘油岜贯首衣结构测绘与复原

油岜贯首衣保留了原生态最典型的贯首衣基因,与"横布二幅,穿中贯其首"的记载完全相符,只增加了接袖,但两腋间不缝连,接袖线的部分缝合形成了衣身和袖身腋下的开口状态。整体造型前短至腹,后长达臀,无领无襟,前胸和后背饰方形"十"字挑花图案,后领系黄色挑花飘带。两袖长及手腕,袖饰采用挑花满绣几何纹,袖口为里白外红缘边。袖和身半连半开的结构,最初目的是既保护人体又具有活动的拓展性。这种衣身与袖身不完全拼缝,留有开口给腋下提供了散热的功能,可以说是服装发展过程中最早的人体工学和适应环境需求的反应。袖裆开口的结构在其他少数民族贯首衣中也多有发现,说明衣身与袖身分离的开口状态可能是人类服饰初始袖裆结构中的一种[1]。今天所见的贯首衣与早期相比,最显著的变化是上下装分离,由通裙变为上衣下裳制,或本就是地域上的差别而同时存在(见图6-7),款式不同但仍保留原始的直线平面结构(图6-2)。

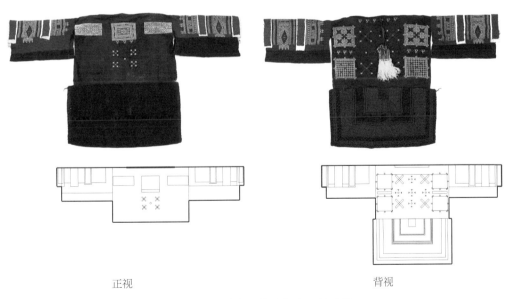

正视　　　　　　　　　　　　　　背视

图6-2 平塘油岜贯首衣标本及款式图

---

1 樊苗苗:《民族服饰袖裆结构类型和文化探析》,《丝绸》2019年第1期。

### （1）主结构测绘与复原

标本主结构由衣身、袖子两部分组成，被分割成A、B、C、D、E、F、G 7片，除C、D片为靛蓝土布外其他均为青色土布，G片比其他青色土布幅宽小（为百褶裙土布）。C、D、E、F片两端均为布边，C、D片为36cm，故靛蓝土布幅宽为36cm；E1和E2、F1和F2为连裁，并与衣身A、B片面料一致，故幅宽约为40cm（包括全部的缝份）。当A、B片拼接时，是在中部横向开缝为领，通过仅仅缝合两幅布的肩部，领口不缝并缝缀与衣身相同面料的贴边，套头而穿。A、B片分前后身，使用横纱裁剪，是为适应这种贯首衣横宽可收放的一种节俭设计，比直纱更有效地减少裁剪与缝合的次数，且横纱布边使肩比较牢固也不易脱纱。衣身结构独特，并不是通常所见在侧缝拼接，而是在前后身相同的A、B片缝合后再在后衣片上缝合长32cm、宽58cm的G片，且为单独的青色土布，因此后片比前片长32cm，拼接后的下摆左右两端比衣身各宽2cm。这种形制刚好与黔东南清水型交襟衣结构普遍存在的"前长后短"形制相反，后身长出的部分还有红线满绣的回字形几何纹，显然贯首衣的"前短后长"也有它的功用，且教俗意义大于实用意义（图6-3）。

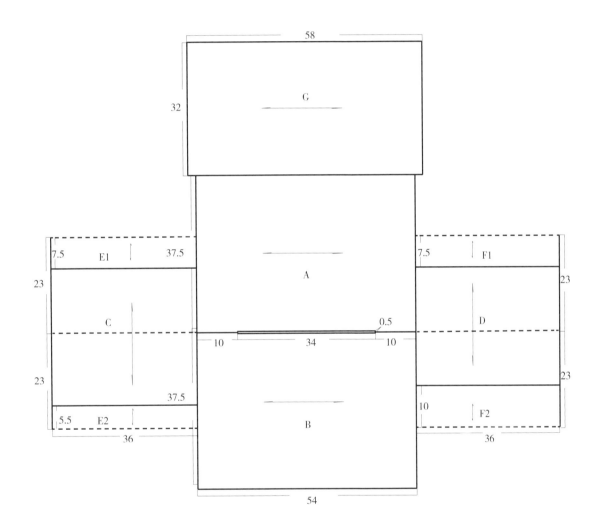

图6-3 贯首衣主结构图复原

### （2）绣饰结构测绘与复原

标本色调为红黑色，装饰手法以挑花绣[1]为主。胸前类似方印纹，相传该支系女子上衣的方形图案是先祖苗王的印章纹样。苗王以印章为族属标志，是为了在战乱中易于族人识别，亦有纪念在迁徙中战死的先祖，起到加强民族凝聚力的作用。两侧有形似蜡染的长方形图案，方印纹下方有4个X组合纹围绕着中间一个小X纹，它们的底色都用红线挑满回字形几何纹。"X"图形在苗人心中寓意五谷，寄托着族群希望五谷丰登、生活富足的美好愿景。两袖长及手腕，袖饰分四段挑满几何纹，袖口为里白外红的缘边。上衣结构为典型的贯首衣形制，领部留口并包边后未作任何装饰，后衣摆有大片的红色调"十"字挑花。在黔中南苗族服饰的众多纹样中，十字纹是其中历史最古老、应用最广泛的基础性纹样。贯首衣中以单纯和变异的"十"字纹反复出现，几乎遍布全身，也是作为族徽方形印章纹样的主要构成元素。十字纹将基础元素以旋转变化、团状、条状相互组合排列，让单一的图形有规律、有秩序地变化不断进行再生，这是苗衣变得如此生动的具体表现方法之一，让人有变化无穷之感，也是其装饰风格的一大特色。用不同的色彩或由明向暗由浅向深逐渐过渡的方法来体现服装的韵律感，无疑对现代设计具有很好的借鉴意义，更重要的是它承载了精神层面的民族文化，如标本纹饰的前"农事"后"天象"明示。前后"五符X"纹都有五谷丰登的寓意。十字挑花纹也由五个X纹组成，寓"天象神引"，五个X纹代表东西南北中五大方位，象征漫天星斗的天宇。相传古时在战争与迁徙中靠天空的北斗星指引方向，后人感恩，用针线记述历史。苗族妇女用勤劳的双手和智慧，将辉煌灿烂的民族文化呈现于日常服饰中，成为族人铭记历史的史诗（图6-4）。

---

1 挑花绣又名"十字绣"，是传统苗绣中普遍采用的一种针法。这种技法和数纱绣相似，在布的经纬线上将彩线挑绣成大小均匀的"十"字，再由一个个的"小十字"为基本构成单元，按预想的定式排列组成整体图案。

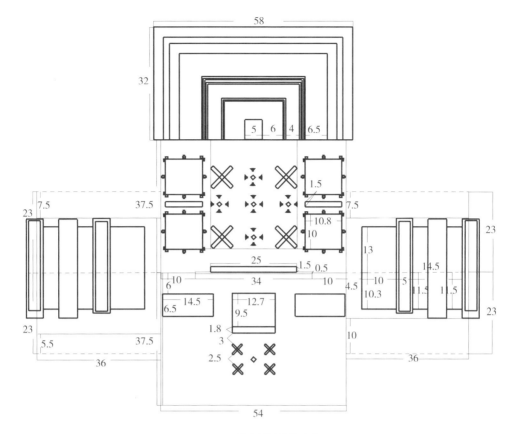

a 贯首衣绣饰结构分布

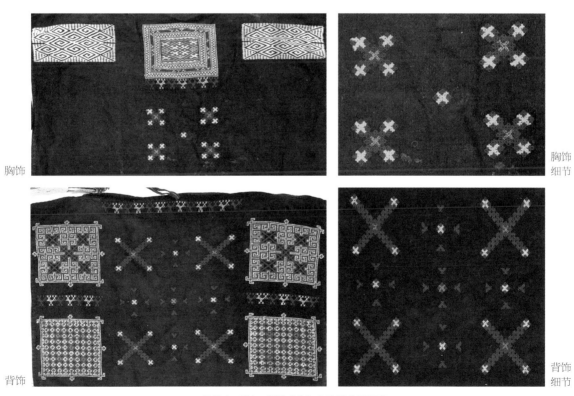

胸饰

胸饰
细节

背饰

背饰
细节

b 贯首衣正视、背视"十"字纹挑花绣细节

图6-4 贯首衣绣饰结构分布及挑花绣细节

### （3）前长后短自然选择的功能性

油岜贯首衣造型，前摆至腹，后摆达臀，这种前短后长便于日常生活劳作的设计在长时间的历史中被保存下来。苗族以农耕为主，田间耕种劳作，孕育了下摆前短后长的服装结构。在减少前摆对双腿活动束缚的同时，也避免正面过于臃肿，有利于在田地里耕种时弯腰、蹲起等一些大幅度的活动。这种形制，汉人是通过束起前摆扎在腰带上来减少障碍，与欧洲人燕尾服的前短后长和西装的斜向圆摆设计都是出自同一个动机[1]。这种利于人类生存发展的需求，也是自然"特异性选择"的产物。

这些民族服饰下摆前短后长的特征，反映了日常多农耕的生活方式。田间劳作造就了服装形制，地域性特征决定着生产、生活方式，催生了服装结构的特征，可谓自然环境长时间的实践选择了适合的服装形制，重要的是纹饰又赋予了它精神上的慰藉。

### 2. 平塘百褶裙的测绘与复原

在我国古代文献中，明清时期对苗族服饰的记载数量较多。明朝弘治年间的《贵州图经新志》是记载苗族服饰比较详细的早期典籍之一，据该书记载，居住在今贵阳一带的苗族女子"裙亦浅蓝色，细褶，仅蔽其膝"[2]。清乾隆十六年，为了了解海外诸国及国内各民族的情况，乾隆帝下令编撰《皇清职贡图》，典籍中记载补笼苗"女青布蒙髻，长裙细褶，多至二十余幅"，佯犷苗"妇椎髻以蓝布缠之，系丝棉细褶裙"……[3]。还有《苗蛮图说》《苗族生活图》《苗蛮图册》等清代文献中均可看到关于百褶裙的记载。百褶裙是我国南方少数民族独特的服装形制，最为常见也是最传统的苗裙样式。贯首装和百褶裙为标配，普遍被妇女所采用，成为她们显示富足的标志。

百褶裙又是苗族迁徙史的写照，成为苗族迁徙文化的物证。相传战国时期，地处楚国领域的苗族有了自己的文字雏形，并在绢布上记录了本族生活区

---

1 刘瑞璞、陈静洁：《中华民族服饰结构图考(少数民族编)》，中国纺织出版社，2013，第36页。
2 明朝弘治年间的《贵州图经新志》。
3 清乾隆十六年《皇清职贡图》。

域的文化及见闻。战国末年，秦灭六国，苗族被迫迁徙，为了保存他们写在绢布上的文书，苗族妇女将绢布折皱缝成褶系于腰间，穿在身上逃走[1]。平塘油岜式百褶裙就提供了很有研究价值的信息，标本有三阶平行饰带贯穿整体裙身，位于裙腰的被称为"上郎"，位于裙摆的被称为"下郎"，即上段、下段的意思，分别代表了黄河和长江，中段"百褶"则表示流水，故百褶裙是苗族祖先生活轨迹的缩影。

油岜式百褶裙结构是自然"特异性选择"的产物，通过细小褶裥处理，给下肢提供足够的活动空间，裙长"仅蔽其膝"，便于田间劳作。不同支系百褶裙亦不相同，但它们共同的特点是费时费力费料，密褶使围度超大，铺开后接近正圆（见图6-5），通过"褶"的伸缩，改变裙内外空间。内空间指人体与裙之间的空间，也就是"百褶"发挥的作用；外空间指裙本身所占据的空间，最后呈现上小下阔造型，裙长适中满足蔽体的同时又便于劳作。裙摆纹样隐藏于细密的褶裥中，若隐若现，神秘而优雅且增加了裙子的悬垂感。裙下端的褶是开放的，随着人体的运动裙摆横向展开，宽大裙幅可以满足下肢任何活动的需要。褶裥凸起位置的挑花，疏密有致，运动时节奏感十足。百褶裙不仅具有穿着的实用意义，更是苗族文化的载体，它的任何一个元素都记录和传承着苗族历史文化的信息，是一种具有深厚历史积淀的文化符号。

标本结构由裙腰、裙身和裙缘边三段组成，均为青色土布。裙子整体上简下繁，无衬里，因此可以很直观地观察它的内部构造。裙腰平整合体，主要起固定裙褶的作用，裙腰两端系带。裙身处理成均匀密实的竖褶，裙摆展平围度达765cm，直接采用青色土布横纱可无限延长，布幅宽38cm直接视作裙长，故整件百褶裙裙面没有接缝，这样的设计手法在减少裁剪缝纫的同时面料使用达100%，亦是"人以物为尺度"的直接物证。裙腰缩褶处理后为100cm，在腰间缠裹后有部分叠量形成合体的样式，适合不同体型人群。裙身长45cm（包括裙腰），裙子穿着后在膝盖以下，这种长度是通过田间劳作的实践被固定下来的，布幅作为裙长（38cm）既是劳作的需要又是节俭的愿望。裙摆

---

1 刘惠子、陈珊珊：《黔东南苗族百褶裙的美学价值和文化内涵》，《中华文化论坛》2016年第8期。

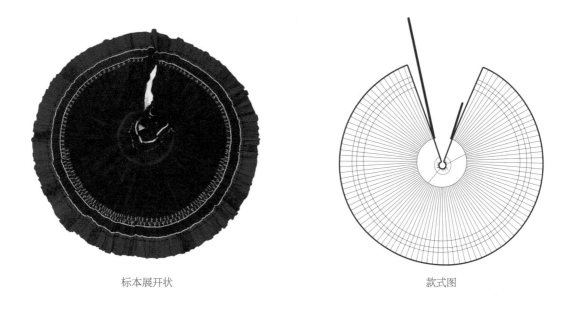

标本展开状                                款式图

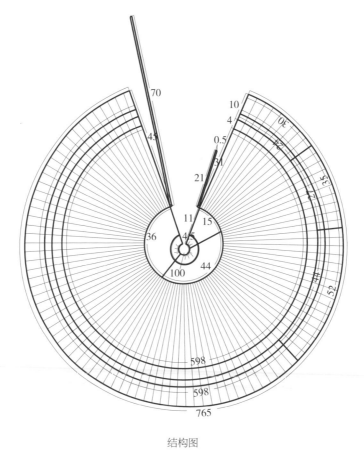

结构图

图6-5 百褶裙标本与主结构图复原

另覆缀红线满挑花棱形纹的10cm缘边，厚重保暖，红色缘边色彩明快。红色在苗族人民心目中是可以战胜一切邪恶力量的象征，它代表生命和正义，是庄重、忠实和勇敢的标志，是一切邪恶不可与之抗衡的超自然神力。这种尚红的认知是人类原生文化对自然界认知在物质上的投注，被保留下来的古老苗族物质文化也不例外，是苗人对太阳、火、鲜血、生命崇拜被物化的精神密符。从百褶裙缘边密实的红线挑花菱形纹不难发现，在贯首衣后身多出将近一个衣长的下摆（宽32cm×长58cm）也布满了凹形"红线挑花菱形纹"（参见本章标本信息图录）。和贯首衣相同，如此通祖通神的"灵物"也在用不同的方式强化着：裙中接近缘边部位有宽4cm的蜡染与挑花绣并用的纹饰，由形象相同的单元图案反复出现，形成围绕裙摆一圈的图案，不仅给人以无数人手牵手族舞的全景图印象，还让人联想到闻笙而舞的苗人族祭的生活场景。而这种图景可以想象，或来源于太阳祭、或火祭、或血祭、或生命祭等祭祀，但无论那种祭祀，它们都出自同一种灵物"红"（图6-5和参见图6-1a）。

### 3. 标本排料实验

在贯首衣套装标本衣片排料实验中发现，如果标本不把袖子纳入其中，就是无领无袖的"贯首衣"，属于更为原始阶段有织无缝的"织造型"。平塘油岜地区地理环境复杂，自古以来交通不便，文化交流相对闭塞。因此在一个相对封闭的社会环境中，在民族服饰上保存了诸多古老的元素和古法技艺。故而，标本在结构上采用"折纸型"的"几何级数衰减算法"，这样制作的过程不产生任何的边角余料，真正达到裁剪零消耗，这也是贯首衣自然经济带来的精神遗产，在苗衣的发展过程中也被继承下来，但并未被今人所认识而被视为"蛮物"。

整套标本共有两种面料，青色和靛蓝色土布。因其结构简单，无衬里，可通过直接观察、触摸判断其各部分裁片布边及缝份情况，因此不难判断标本幅宽、纱向以及复原用料方案。贯首衣靛蓝色土布用于接袖C、D部分，两边均为布边，故幅宽为36cm，使用面料约为61.5cm；A、B、E、F 4片为青色土布，幅宽为40cm（包括缝份和领口处理用量），使用面料约为138.5cm。百

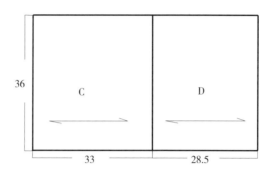

a 靛蓝色土布排料图复原（衣袖）

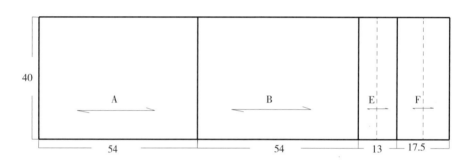

b 薄型青色土布排料图复原（衣身和袖底）

c 厚型青色土布排料图复原（百褶裙和后衣摆）

图6-6 贯首衣套装排料图复原

褶裙裙身和衣身后摆接片G片均为青色土布，相比于A、B、E、F片青色土布面料较厚，幅宽为38cm，使用面料约为881cm。在模拟排料实验中，所有的裁片布边情况跟标本数据测绘保持一致，以获得用料实验的真实性。排料实验表明，整套标本共消耗面料约1081cm（裙腰由另布拼接而成除外），使用率达到100％。实验数据显示，面料"整裁整用"是贯首衣的主要设计方法，这种方法是以人适应面料的幅宽展开的，是"人以物为尺度"造物理念最古老的实物证据之一（图6-6）。

# 二、彝族贯首衣结构研究与整理

　　通裙贯首衣曾被苗族作家沈从文先生在其《中国古代服饰研究》中誉为"中国服装历史上的活标本"，甚是珍贵。"通裙"是贯首衣的另一种说法，是指袍式的贯首衣，而"贯首"形制是不变的。早在《后汉书•南蛮传》和《唐书•南蛮传》中就有记载，"横布两幅，穿中而贯其首，名为通裙"，是一种不装袖，不上领，由整幅布料制成的中华民族最早的"深衣"雏形。深衣者，上衣下裳连属也，可以说是从"通裙"（贯首衣）演变而来，源于商周，兴于战国秦汉，不分男女老少，不论尊卑，都可穿着。交领右衽大襟是深衣的基本形制，后又衍生出盘领袍、圆领袍、褂袍的袍服系统。而"通裙贯首衣"这在中原大地上已经消失很久了的服饰，却在彝族物质文化中得以完整保存，不能不说是一个奇迹。它与苗族上衣下裙制贯首衣最大的不同就是"通裙制"，与文献记载得到相互印证，而标本来源是今天云南省麻栗坡的彝族还在使用的盛装，根据样本质地、做工和装饰风格等因素确定为晚清时期的服饰，意义重大。

　　通裙贯首衣被学术界认为是世界服装史上最古老的服饰形制之一，由一整块布折叠成胸背一体，在对折中间剪开或留出缺口以贯首，标本的方形领口被视为进化的贯首衣。标本衣身为素色提花织锦外接蜡染袖子，两腋下有土布三角插片，类似于今天的袖裆结构，作用也异曲同工。通身整幅两侧为布边且不缝合，在手工机织的过程中造型、花型随之而生，中间挖方形领口，套头而穿，虽保持了贯首衣的基本结构但另有玄机（图6-7）。

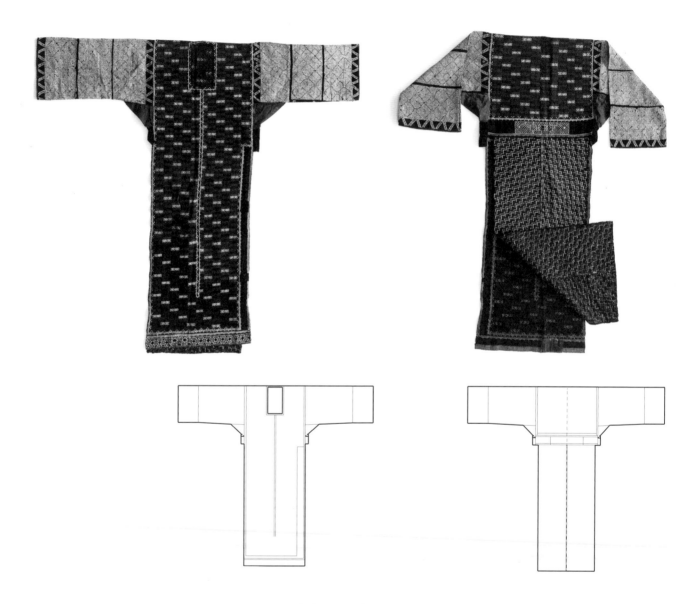

图6-7 彝族通裙贯首衣标本及款式图

标本主结构由衣身、袖子两部分组成，被分割成9片，前后衣身取约六分之四的整片，后身六分之二用另布拼接，且因布幅窄而留中缝。左右蜡染接袖各1片，左右腋下土布插角各1片。总衣长后身比前身长3cm，后身两种面料的三分之一处用宽为7cm的横向饰带分割，其中的长方形图案有族徽含意（见本章标本信息图录）。袖口内部各5cm的贴边，防止袖口磨损，延长服装寿命。左右腋下土布三角插片拼接设计，首先是弥补贯首衣为保持整幅布而幅宽难以满足人体围度的一种结构设计，同时可增加人体手臂的活动量；其次，土布三角插片的出现有助于缓解衣身和袖片两个完整布幅之间的频繁拉扯，较好地延长了面料使用的寿命，可以说是民族服饰功能意识和节俭思维的表达[1]。标本衣身侧缝不缝合，是为满足人体田间耕作大幅度运动的需要，也是传统贯首衣特征的保留。幅布在中轴线交汇处开方形领，织锦的独到之处在于领口，侧缝也有织锦饰边，既不用另加缝制也兼具美观性。结构形态在大中华一统的十字型平面结构系统中继承了更为适合本民族传统的贯首衣结构的巧妙处理方式（图6-8、图6-9）。

1 樊苗苗：《民族服饰袖裆结构类型和文化探析》，《丝绸》2019年第1期。

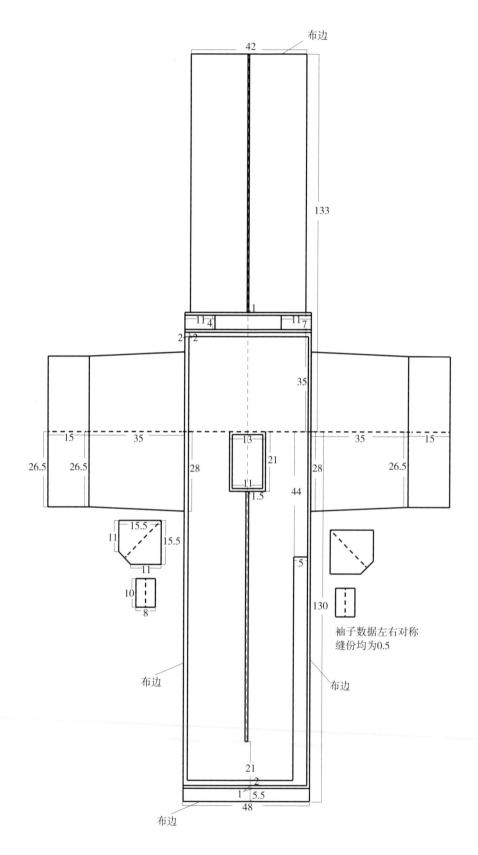

图6-8 彝族通裙贯首衣主结构图复原

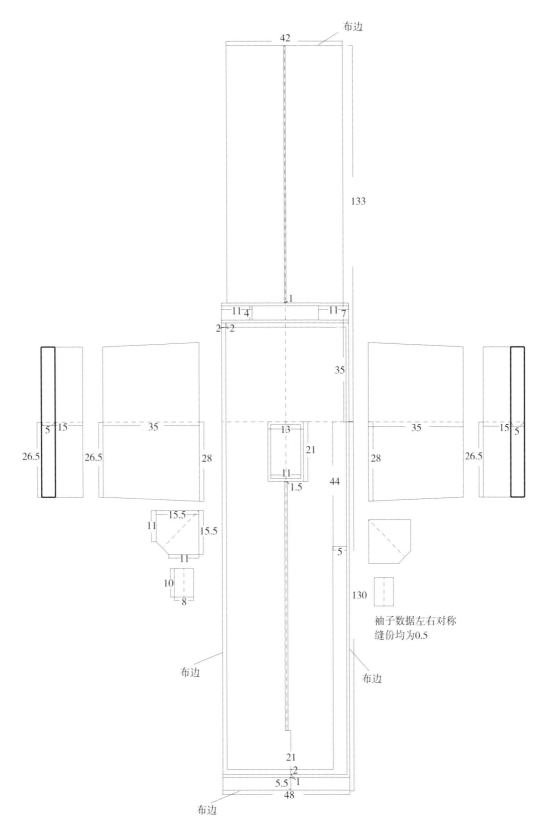

布边

42

133

布边

11 4    11 7

2 2

35

5 15

26.5    26.5    35    28

13

21

11

1.5

44

5

15.5

11    15.5

11

10

8

130

35

28

5 15

26.5    5

袖子数据左右对称
缝份均为0.5

布边    布边

21

2

5.5 1

48

布边

图6-9 彝族通裙贯首衣结构与贴边位置示意图

# 三、苗族与彝族贯首衣结构比较的思考

　　典型的贯首衣结构，无论是"横布两幅"还是竖布独幅（或两幅），它们都是在中央局部破缝贯首，无袖，侧缝不缝，短衣和"通裙"只是长短的区别。显然前者属于苗族贯首衣，后者属于彝族贯首衣，而民族风貌各不相同。

　　这两个民族贯首衣结构的共同特点是衣身规整、对称，无论是对布料的横幅还是纵幅皆为整幅使用，中央留缝或开领以便套穿而保持贯首衣的基本结构。相比而言，苗族的贯首衣结构更符合"不加裁剪而成型"的"贯首而着"的古风，虽改"深衣"制为上衣下裳制，或与黔中南湿热的气候有关。彝族则在以贯首衣为主体的情况下完整地加入了衣袖（苗族贯首衣为半连袖），挖方形领口被视为进化的贯首衣。经过两个标本的结构图复原，发现它们均呈现中华服饰结构谱系典型"十字型平面结构"的原生状态[1]，利用纱向的巧妙处理，"整裁整用"真正实现了零消耗裁剪，故"割幅成器"便是中华民族古老的造衣智慧。

　　苗族贯首衣衣身由前后两幅横纱裁剪，在肩缝中间留孔为领口，其余缝合，前短后长且加上各有不同的纹饰，有明显的教俗寓意。据文献证实，早期苗族贯首衣无袖，标本研究表明，最初贯首衣两袖与衣身分离，穿着时才临时固定，标本的袖子与衣身只在肩位缝合了一小部分，而两腋下完全分开就真实地记录了贯首衣从无袖到有袖过渡的信息，也说明它依旧留有古时遗风。衣身采用横纱裁剪是为弥补竖用布幅宽度不足的缺陷，有限的幅宽刚好适用短衣而成为上衣下裙式的贯首衣类型，当然这与湿热的黔中南气候密不可分，这也为达尔文"特异性选择"的进化理论提供了一个实证。

　　彝族贯首衣采用"竖布独幅"（或两幅），在对折处挖出方形领孔，它与苗族贯首衣最大不同在于，不仅有完整接袖，两腋下还有便于运动的三角形插片，它与现代"袖裆结构"的功用有异曲同工之妙，这些被视为进化贯首衣的要素。然而这并没有掩盖它保持中华传统十字型平面结构原始形态的文化价值。可以说它拥有"深衣"雏形的中华基因，与江陵战国楚墓袍服的"小腰"异曲同工，却在今天的彝族服饰中坚守着，在苗彝族群间交流着，很值得深入研究。

---

1 原生状态，中国历朝历代，无论是服装的形制还是结构都形成了各自的风格特点，不变的是"十字形平面结构"的中华系统，而这个系统是在贯首衣"整裁整用"的节俭造物思想下继承下来的。它很像中国汉字从象形、表意到形声的发展一样，不变的是象形，它也就成为中华文化的基因。"十字形平面结构"中华系统就是从贯首衣结构的原生状态养成的中华基因。

# 四、结语

　　从标本系统的信息采集测绘和结构图复原分析，无领无袖的"贯首衣"属于更为原始阶段有织无缝的"织造型"，标本结构则采用"折纸型"的"几何级数衰减算法"，通过"整裁整用"达到零消耗裁剪，这或许正是贯首衣"织造型"可以完整地使用材料得到的启发。古代南方少数民族处于非开化的社会形态，生活条件艰辛，自然资源匮乏，缝纫技术与工具都处于原始状态，只能将完整的布匹简单裁制，这可从服装所用布料的宽度刚好是苗家手工织布机的宽度得到证实。同时，由于针线供应困难，有意识地减少剪裁、缝纫等各种加工技术。所以苗族贯首衣腋下、侧缝不缝合以及衣身、裙子多采用横纱，这应是"横拼式"[1]形成的根本原因。"竖布独幅"（或两拼）的彝族贯首衣，也是巧妙利用了布料的这种性能，使其向纵向延深，又造就了腋下插角的结构和技术，而它的"通裙"形制仍继承了古老贯首衣的遗风。自中华服饰文明起源，这种结构便渗透在大一统的十字型平面结构之中，以至于时至今日，汉族中消失殆尽的古老形制、结构，在南方许多少数民族中仍有所沿袭。这些民族犹如中华服饰文明的活化石，为我们探寻中华传统服饰文化提供了宝贵的实物标本。

---

1　横拼式，即"横布两幅，穿中而贯其首"的记载，指布料横向使用，使其经线面料可左右无限延长，幅宽为衣长而受限，故这种方式多用于湿热地区。

# 五、本章标本信息图录

## 1. 平塘贯首衣标本信息图录

**基本信息**

时间：现代

产地：贵州平塘油岜

形制：上下两幅式贯首衣配百褶裙

来源：私人收藏

正视

背视，为上下两段组成，上段由四组挑花绣为主纹，下段为凹型挑花绣

正视左袖饰，左右腋下不缝

正视左右袖饰对称，各由两组挑花绣制成

正视右袖挑花绣细节

背视左袖饰

背视右袖饰

正视上段四组绣饰分布，中间方形图符为苗王印

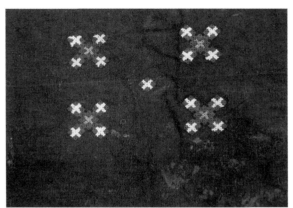

正视挑花绣细节

背视上段绣饰分布

背视挑花绣细节

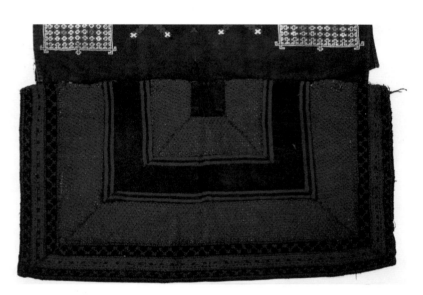

背视下段凹型挑花绣

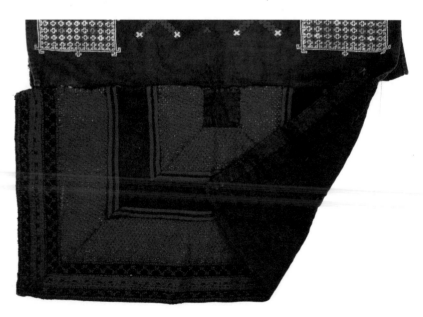

背视下段凹型挑花绣与侧缝开放结构

左右袖饰后奢前寡跨跃式分布

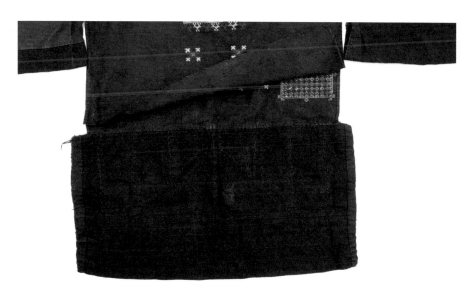

正视腋下开放结构与前短后长结构

配套百褶裙标本

百褶裙下摆缘边为红线挑花绣

百褶裙开口

百褶裙正反细节对比

百褶裙下摆缘边挑花绣细节

贯首衣后视吊坠

贯首衣背视观察一字领（上端横向挑花绣位置）

## 2. 苗族道衣标本信息图录

**基本信息**

时间：民国

产地：广西

形制：对襟披

来源：私人收藏

正视主体纹饰框式结构

背视主体纹饰框式结构

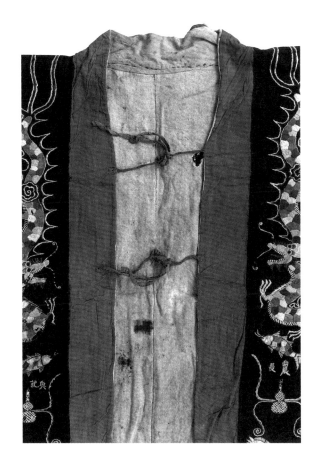

襟缘为框式结构

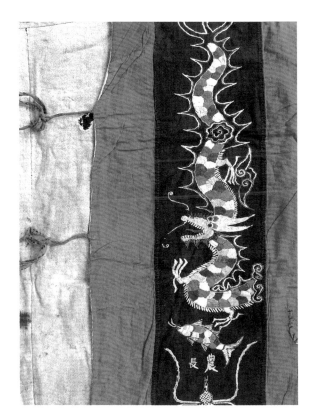

右身主纹与左身对称为双龙纹

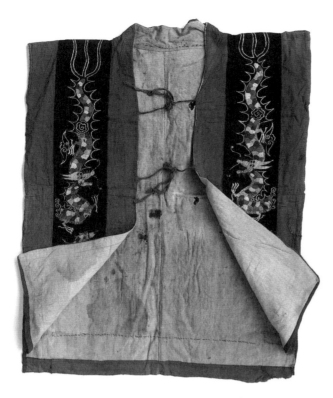

对襟分离系两细绳，内缚衬里

左右双龙纹之下为双鱼、双葫芦、双马、左字"奥记"右字"農長"

背视满纹祭祀图，上段为双龙凤"大羅天"图，下段和两侧为
仪仗图

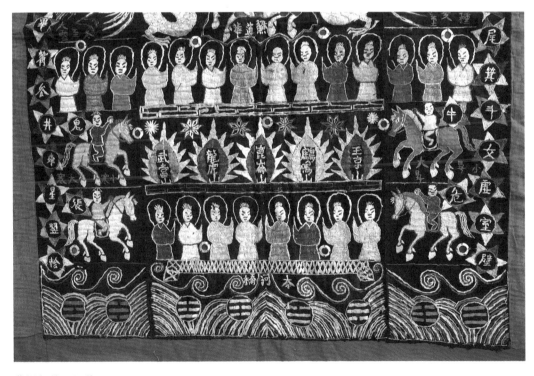

背视仪仗图细节

双龙凤"大羅天"细节

左绣龙纹细节

右绣龙纹细节

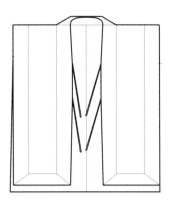
正视

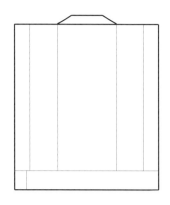
背视

标本外观图

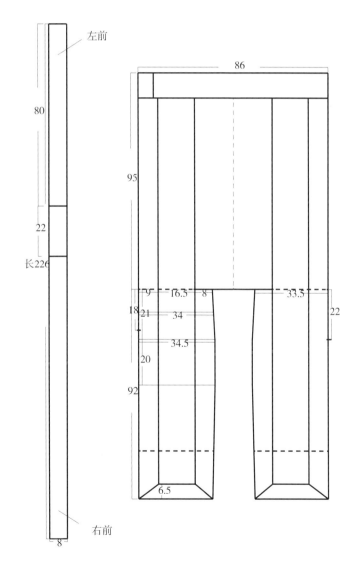

标本主结构

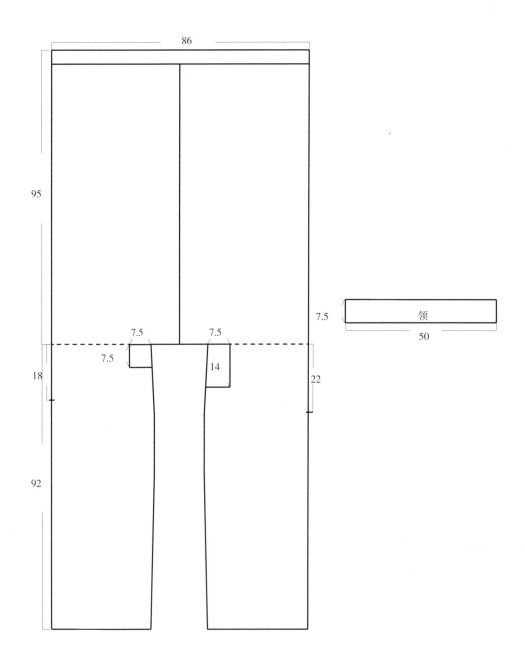

86

95

7.5

领

7.5

50

7.5    7.5

7.5    14

18    22

92

标本衬里结构

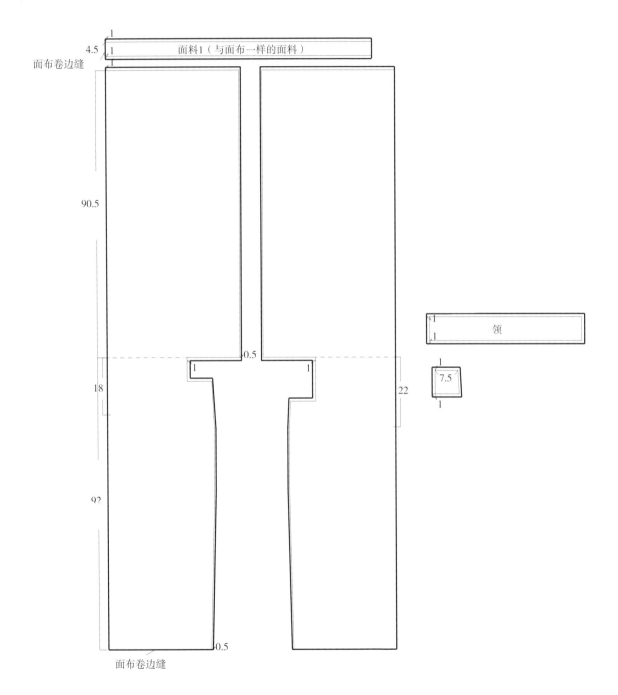

面料1（与面布一样的面料）

面布卷边缝

4.5

1

1

1

90.5

0.5

18

1

1

92

0.5

面布卷边缝

领

1

1

1

7.5

1

22

标本衬里结构分解图

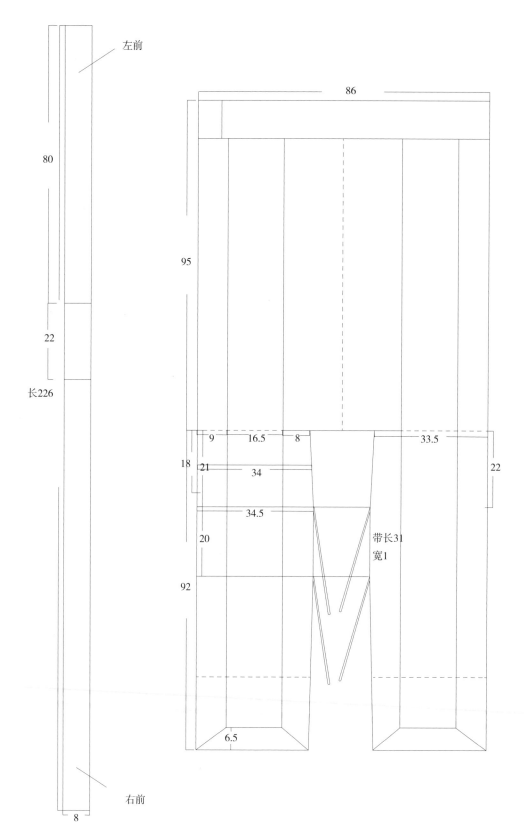

左前

80

22

长226

右前

8

86

95

9    16.5    8                    33.5

18    21

34

22

34.5

带长31
宽1

20

92

6.5

标本饰边结构

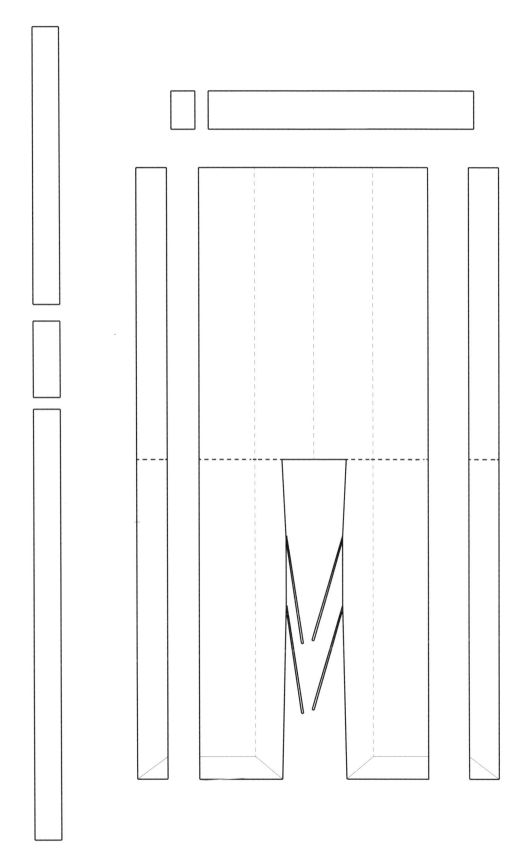

标本主结构分解图

## 3. 彝族贯首衣标本信息图录

**基本信息**

时间：晚清

产地：云南麻栗坡县

形制：前独幅后两幅贯首衣

来源：私人收藏

正视

背视

正视，方领套头，衣身万字纹满绣，袖子为蜡染布

下摆蓝印花缘边与万字纹满绣细节

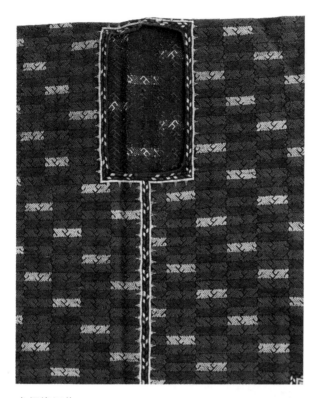

方领缘细节

正视侧缝打开状态

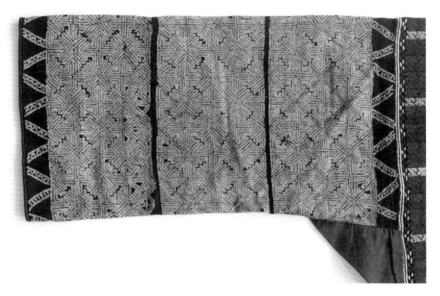

左袖蜡染布为三段十字满纹

右袖与左袖对称

背视由背饰、腰饰、裙饰三段组成，腰饰为族徽

腰饰族徽为星象纹，教俗密符未解

## 4. 彝族对襟衣标本信息图录

**基本信息**

时间：晚清

产地：云南麻栗坡县

形制：圆领圆摆对襟衣

来源：私人收藏

正视

背视

领缘和襟缘为贴绣工艺，饰纹风格相同，右襟十粒铜扣
为錾刻纹，一粒银扣为镂刻纹

领缘贴绣细节

袖缘和摆缘饰纹风格相同，与苗族最大不同是没有"肩饰"

摆缘贴绣细节

左衽饰贴绣细节

右衽饰贴绣细节

右腋下插角（彝衣结构重要特征）

前襟下摆打开与侧衩形成良好的活动功能

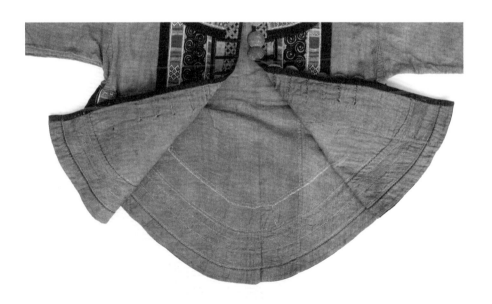

标本无衬里，前襟打开内部呈现摆饰贴绣针迹

正视左袖缘贴绣

正视右袖缘贴绣

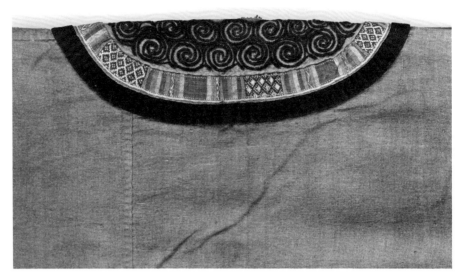

背视领缘贴绣

背视左衽贴绣与腋下插角结构

左右普现腋下插角结构，表明彝族发达的制衣技术

背视左袖缘贴绣

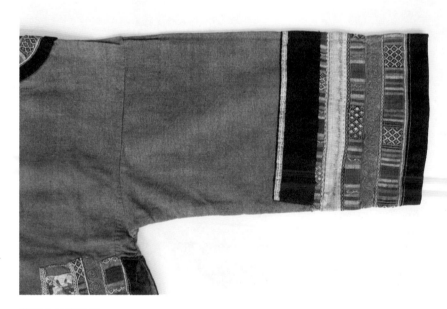

背视右袖缘贴绣

背视领缘、摆缘、袖缘

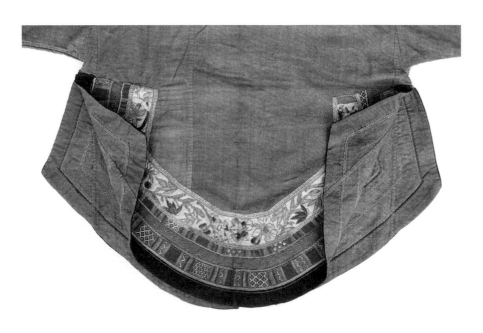

背视开衩结构细节

背视右衽贴绣与插角结构细节，表明腋下插角和下摆
插角是一并考虑并连裁的，是充满了智慧的结构设计

背视圆摆贴绣细节

第七章

安顺花苗衣结构
研究与整理

安顺境内的苗族称谓始见于宋代，在安顺东郊发现的南宋开禧二年(1206)的"清凉洞碑记"就有"苗"字记载[1]。安顺地区服饰主要以贵州省安顺市为中心，涉及普定、平坝、清镇和长顺等县（市），是苗族支系和称谓较多的地区[2]。据《安顺府志》《安顺续修府志》等史籍记载，安顺一带苗族称为"阿里苗""坝苗""熟苗"，为川黔滇方言之普定土语系。吴仕忠先生在《中国苗族服饰图志》一书中将安顺地区苗族服装按款式及地理位置分为15式[3]，其中本书采用的标本黑石头寨式花苗衣具有代表性，杨正文的《苗族服饰文化》将此款式命名为"安普式""高寨式"，在民间因其绾发及穿裙方式另有歧称"歪梳苗"。地方志《黔南识略·贵阳府》记今安顺、平坝一带"花苗"，"裳服先用蜡绘花于布而染之，既染去蜡而花现，衣袖、领缘皆用五色绒线刺棉为饰，裙亦刺花，故曰花苗或花族，苗语为Hmong"[4]。"花苗"实际上是针对其服饰多花饰特征而言，它所包括的并不是同一分支，而是一个很广泛的支系称谓。在今天分布东至福泉，西至川南、云南的广大地区，每一县均有一支被当地其他民族称为"花苗"的支系[5]。

花苗衣有盛装与便装之分，盛装花苗衣为蝙蝠袖交襟[6]短衣，有些附有后披领（小披肩），衣料多以自织自染棉绸为主，装饰手法以蜡染、刺绣、织花、碎拼为特色。通过对贵州安顺民国时期花苗衣标本进行系统的结构分析，发现整个结构形制充满着原始朴素的节俭意识，利用以折代剪"单位互补算法"的古法裁剪与赋予神密感的天象纹饰相结合，呈现与其他苗系服饰不同的技术面貌和美学风尚。此标本来源于贵州凯里私人收藏，年代久远，品相完整，具有研究价值。

---

1 安顺市苗学会：《安顺苗族》，贵州人民出版社，2013，第13页。
2 民族文化宫：《中国苗族服饰》，民族出版社，1985，第170页。
3 吴仕忠先生在《中国苗族服饰图志》一书中将安顺地区苗族服装按款式分为黑石头寨式、广顺式、关口式、高寨式、华岩式、燕子口式、分水式、阿公式、江龙式、织锦式、乐旺式、贯首式、贞丰式、新大寨式、腰岩式。
4 （清）爱必达《黔南识略》三十二卷，影印本，第27页。
5 杨正文：《苗族服饰文化》，贵州人民出版社，1998，第30页。
6 交襟，形制类似于黔东南清水江型交襟衣，实际结构为直领对襟，只有在穿着时形成交襟，根据习惯采用右衽或左衽，苗汉融合普遍用汉俗右衽，因此可以认为"直领对襟"是苗衣结构的基本形制。

# 一、花苗衣结构研究与整理

安顺花苗盛装穿着时会先盘发，头戴半月形红木梳，内绕捻发，外绾银链护头围数圈，木梳尖稍露于外，后脑插银质簪子。安顺至织金一带的苗族崇拜牛图腾，苗家的女性日常也会佩戴牛角形木梳。木梳具有辟邪护身的作用，也是财力雄厚的象征。花苗衣作为礼服上着彩色蜡染或红缎刺绣盛装，下装为一整幅长方形青黑布料制成的长裙围裹穿着，裙摆下端多用蜡染和刺绣制作一道宽20cm左右的花段装饰，裙幅长一丈二(400cm)，穿着时需在两胯及正面打褶，裙外穿白色围腰.围腰用织花腰带系紧，可起到掩盖衣服和裙子交界处不齐整痕迹的作用，围腰右侧和底边装饰多条蜡染和刺绣的花带。上衣通过交襟扎于腰带内，后衣摆露于裙外，单独的花织腰带在腰后或两侧打结系扎，两端挑花和多色流苏自然垂落于裙外为饰，此多为节日礼服或重要场合的盛装(图7-1a)。花苗衣的右衽交襟穿法是苗俗服饰的标志性特征，下装青布长裙和腰部围饰与之配合，并将上衣交襟后的前后摆露在裙外，此穿法多为婚服，又称"上轿衣"（图7-1b）。

a 花苗衣作为盛装的穿着[1]      b 花苗衣作为婚服的穿着[2]

图 7-1 花苗衣的盛装穿着

1 图片来源于《中国苗族服饰图志》第261页。
2 图片来源于《中国苗族服饰》第173页。

## 1. 主结构（饰边）测绘与复原

标本以靛蓝土布为基布红缎为面布复合而制，长袖直领对襟无扣，衣袖、衣身红缎绣满金黄色的云草纹、太阳星象纹等图案，花纹突破了单一用色，有的图案中配以彩锦、布帛或挑绣红、绿、粉等绸布碎拼。靛蓝色土布既为基布又为衬里，结构上不仅对称，形制、装饰图案均采用对称式设计，从腋下露出的靛蓝色土布本料可以看出，所有的拼布都附着在本料之上。衣身较短，穿着时保持交襟右衽，衣襟左搭右相交于腰间，交叠量可大可小，以适合不同体型和功用习惯（个体松紧需求、劳动习惯等）。标本的领口、袖口、衣摆、侧缝处均附有重叠贴布的缘饰结构，每个部位的缘饰贴边都具有功能性：领口的贴边对领及肩起到耐磨作用，同时也稳定领口的形状，使其不易松懈变形；袖口的贴边主要使袖口加固不变形；衣侧贴边对整个服装造型的稳定性起着关键性作用；下摆贴边对整个服装起到固形、增加顺垂度的作用（图7-2）。

标本主结构由衣身、袖子和领子三部分组成，在基布上做拼布贴饰，前胸后背拼布贴饰为一整块，其余皆由碎布拼缀。领子面料与拼布面料一致，领子长101cm，宽13.5cm，左右领装饰有两处不同面料的拼缀处理，其余都保持左右对称。右襟出现拼缀可能是领襟用料不够，同时考虑右衽的交襟习惯，因为穿着时左搭右恰巧掩饰了拼缀的部分。标本虽分片较多，但整体结构仍规整对称，为典型的中华传统十字型平面结构。袖子虽然保持平面结构，也隐藏着无尽的智慧，它利用以折代剪"单位互补算法"的古老裁剪法让袖窿肥大袖口窄小，呈现"蝙蝠袖"趋势。如此大的反差在南方少数民族中并不多见，更像是继承了传统汉服的大袖特点。衣身短小，领子结构独特而复杂，但也未脱离古老（对襟）一字型结构，表现出这种民族服饰既保持传统又相互交融的文化特质（图7-3）。

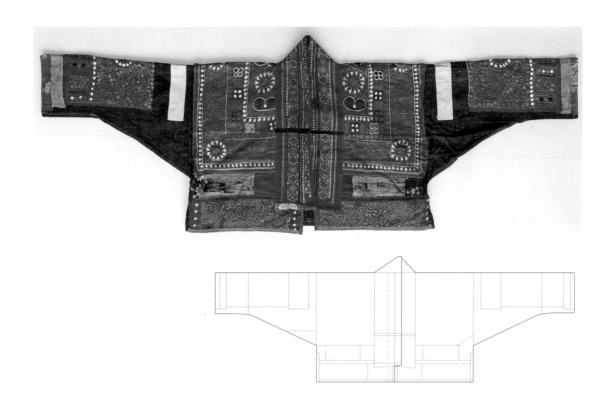

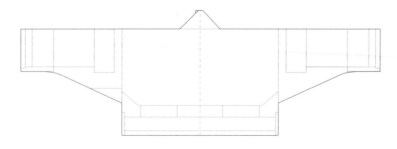

图 7-2 花苗衣标本及款式图

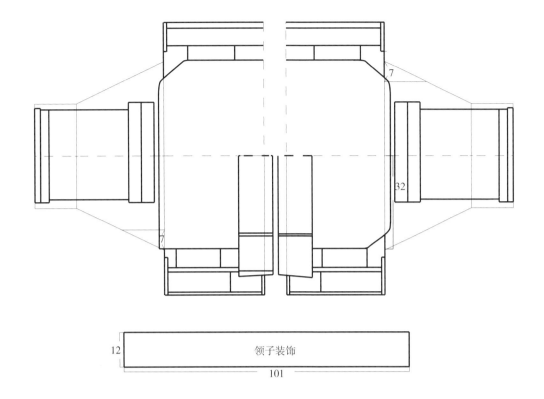

图 7-3 花苗衣贴饰的结构分布

## 2. 主结构（基布）测绘与复原

标本主结构面料为自织自染的靛蓝色平纹布，它的最大特点是由大小不一的"碎布"拼接而成，正是这种"碎拼"才隐藏着苗族的节俭智慧。单单衣身就有16块拼布，相对于衣身的袖子却由整幅面料裁剪，这就是玄机所在，袖片的 A、B、E、F如果还原的话，刚好拼合成一个完整的布幅，它是通过以折叠代裁剪的"单位互补算法"将整幅面料完整地互补剪裁嵌入式使用，利用率仍然可以达到100%（见图7-6）。袖口C、D片拼合刚好为一整幅。袖子整幅拼接，衣身碎布拼接，是因为它有大面积的贴饰覆盖，这种外整里碎的设计体现了外奢内俭的尊卑美学。袖子没有被贴饰完全遮盖，因此选用整幅面料也是为了物尽其用。衣身的细小拼接，除了节俭外，还看出了缝纫者高超的（对称）设计和拼接能力，即使使用16片大小不一的碎布拼接，也依旧保持着左右对称，且大面积的贴饰使它隐而不露，这或许也是结构研究的意外发现。在袖缝内侧完整的一边有贴边，左袖内有补丁。袖缝贴边设计为连裁，或许是为了加固亦或是为了不裁掉多余部分以备今后再用。由结构数据分析，"布幅"决定结构形态，并非装饰；"敬物"造就了整也节俭碎也节俭，并非富有，从主结构蝙蝠袖不对称的两个三角插片就可以看出苗人智慧的用心（图7-4、图7-5）。

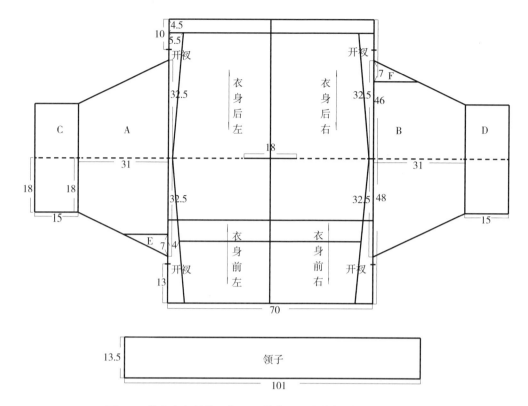

图 7-4 花苗衣主结构图复原，整体对称唯蝙蝠袖三角插片例外

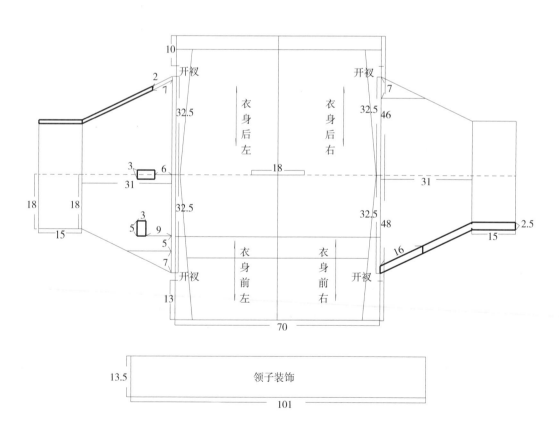

图 7-5 花苗衣贴边（补丁）结构分布

# 二、物尽其用 拼艺为美

安顺花苗衣即便是贴饰也不完整，常发现会有多处拼接的痕迹。苗族所居贵州地貌避世，布产和布贸都受到限制，因此他们对布料倍感珍惜，将剩余的边角余料与旧的布料拼接起来使其重生成为一种生存传统和文化。服装制作中产生余料是在所难免的，但是少裁剪或剪裁中尽量减少余料或不产生废料从古至今一直是普遍的节俭原则，并创造出充满智慧的方法。标本衣袖大部分被贴饰覆盖，这不仅起到装饰作用，更是利用赋予美好愿望的贴饰工艺来有意识地隐藏衣身、大袖与袖口的接缝痕迹，既突显表面的装饰性，又具有深层次的公益性，用"装饰"来加固结构，使其延长使用寿命。因此在安顺花苗衣中容易磨损或是弄脏的部位，通过覆盖大面积的贴饰，既可以避免损污又可以提高牢度，贴饰又能方便替换，这样更能给贴饰表现族属教俗文化的空间。衣身腰部的贴饰独特且有涵意，采用同形不同色或同形不同质的余布进行拼补装饰，色块的有序分布。色彩运用对比强烈的红、绿、蓝、棕色，将这些色彩强烈的色块分布与基布拼接的结构线结合起来，具有特殊的装饰效果。但外观的装饰效果有明显的民族性，主要是在装饰位置的选择上。苗族相对其他南方少数民族常常表现为以多为美，以多为富的装饰心理，拼接的材质、色彩、工艺处理等能使一件服装变得越丰富就越能满足族群及其个体的心理慰藉（见本章标本信息图录）。

贴饰工艺是此标本的最大特色。汉文化的传统服饰多是用贴饰配合主体作缘边处理，如领缘、袖缘、摆缘等，充分体现中国传统思想观念中"好物适之"的节俭美学。整体贴饰工艺展现的是各族人民的独特审美，这是由环境和不平衡发展所决定的[1]。为了最大限度地使用面料，通过剩余边角面料的拼接组合，形成精美有灵性的图案，这种把节约的动机和技艺的愿景结合得天衣无缝的文化现象，是探索少数民族服饰美学的重要依据。更值得研究的是他们创造了根本不产生任何废料的方法。标本蝙蝠袖结构的左前位和右后位各有一个相同的三角插片，最初认为它只是为了利用边角余料，但它为什么不采用左右对称更美观的分布，或都放在后袖腋下使前身更显完整？通过结

---

[1] 刘瑞璞、陈静洁：《中华民族服饰结构图考(少数民族编)》，中国纺织出版社，2013，第36页。

构复原的研究发现，它是运用"单位互补算法"实现的物尽其用（见后文）。如此表现出少数民族从不缺少朴素的美学智慧和方法，在与恶劣环境的斗争与实践中，节俭和物尽其用成为他们的自觉意识。服饰的结构形态以如何节省布料而定，否则会降低他们的生活质量，甚至会影响部族的生存。或许如同汉族传统的百家衣，由零碎的边角余料拼接而成，它多用在妇女和儿童服饰上。百家衣的意思就是在一个宗族中谁都可以拿谁都可以用，以此维系着宗族的联络和兴旺。它的动机是要尽量把这些边角余料用完，赋予它合理的归宿，就是把宗族的愿望寄托其中，因此节俭动机的福慧造就了"俭以养德"的中华传统，花苗衣蝙蝠袖结构谜题的破解为我们呈现了一个生动的物证。

# 三、花苗衣蝙蝠袖的结构分析

对于安顺花苗衣蝙蝠袖特殊结构的研究，在有据可考的资料中没有发现相关记载，就现代相关研究的成果中也未见对这一结构的相关描述，多是仅通过外观形象的观察给予其"蝙蝠袖""蝴蝶袖"的称谓而已。在对实物测绘及结构图复原的分析中，通过断缝及尺寸数据来反推其裁剪方法，发现两袖所有裁片可以还原成同一布幅的长方形布料，这样既能满足蝙蝠袖梯形结构的腋下三角插片设计，又能实现用布的"零消耗"。研究表明，它是最好诠释"单位互补算法"原理的实证。那么为什么要设计三角插片结构，且又选择匪夷所思的不对称分布？

## 1. "插角"的意义

"插角"结构运用于袖子的制作，最初源于罗马哥特时期在衣侧从袖根至侧摆连接处加入三角形插片，构成一个立体的侧面结构，用以增加服装的活动量，同时当手臂落下静止下来，成褶的插角结构又在腋下隐藏起来，如此完善的结构至今仍没有根本改变。花苗衣蝙蝠袖不对称的"插角"结构与此有异曲同工之妙。"插角"是在衣身和衣袖连接处的底部用插入式拼接或连裁三角插片，其功能性是使衣袖与衣身在腋下形成缓冲结构（从直角变成钝角），这不仅增大臂根部和胸部围度而提供手臂足够的活动空间，更重要的是插角的缓冲结构使穿着过程需要频繁活动的手臂所对应的插角裁片变为斜纱，在客观上增加了面料的弹性，也就解决了此处破损度高的问题，使整件衣服延长寿命。用此种独特的结构形制在中国服装实践的历史中并不鲜见，比西方罗马哥特时期还早的先秦出现的"小腰"[1]，比今天的"袖裆"结构并不简单，只是在汉之后消失了，但在南方少数民族仍有保留。彝族贯首衣的三角插片（见图6-8）和花苗衣的蝙蝠袖插角结构堪称是其活化石，更重要的是其中隐藏的技艺智慧值得挖掘。

---

1 小腰，先秦称衽，汉晋时称小腰或细腰，亦通小要，源自我国古代木器和建筑的榫卯结构构件称谓，一般认为是指两头大中间小，用于封合木棺或拼装棺板的燕尾榫、蝴蝶榫。《礼记•檀弓上》："棺束，缩二，衡三，衽每束一。"郑注："衽，今小要。"孔颖达作疏谓："其形两头广、中央小也，既不用钉棺，但先凿棺边及两头合际处作坎形，则以小要连之，令固棺。"而在服装专业术语中，引用此语有取其在木器和建筑构件中封合和拼装的嵌入作用，指一种方形的插片，嵌缝在两侧的腋下，即上衣、下裳、袖腋三处交界的缝际间，类似现代连袖服装的袖底插角，亦称袖裆。

### 2. 单位互补算法

"单位互补算法"是基于节俭动机的"割幅成器"算法。对苗族妇女而言，早期制衣所用的布料多是用传统织布机织造，面料的珍贵，使得服装的尺寸大小、如何剪裁都与布幅宽度有着很大的关联，"整裁整用"和"几何级数衰减算法"（见图4-2）的裁剪方式都是为了保持整幅地利用布料而创造的，但又限制了形式的多样性，"单位互补算法"便可以获得充满节俭的造物满足。Tilke在*Oriental Costumes: Their Designs and Colors*（《东方服饰：款式与色彩》）一书中曾提出："研究一件衣服，要看它有多少接缝。首先应将注意力放在那些由于面料匮乏等原因形成的接缝上。"

"单位互补算法"在苗族先民看来，就是对布料的态度要"惜剪如金"。通过研究表明，花苗衣中的任何一条裁线（结构线），都不能用现代人的眼光简单处之。标本两个大袖中大小对称的四个裁片出自同一块布料，通过标本结构图还原实验得知，其大袖的比例是固定的，袖口宽度也有流传下来的固定尺寸（因布幅而定），根据这些信息要求，在制作时准备一幅约1尺(33cm)宽、3尺6寸(120cm)长的矩形布料，通过"剪一刀"就可以实现蝙蝠袖及其三角插片的结构设计。但这需要在既定的布幅框架内准确计算：将确定布料的上下两端按四等分对折，沿对角线方向各留出袖口宽度6寸(20cm)，与衣身相连的接袖线宽度为1尺2寸(40cm)，由此确定剪切线并沿此线双层布一并剪开，形成A、B相同左右对称的梯形袖片和对应的三角插片。重要的是，在一个既定的布幅内，计算好A、B区域去掉的部分刚好弥补对方需要增加的部分。由此可见，苗族先民只有在对布料心存敬畏的时候才能升华出这种智慧（图7-6）。

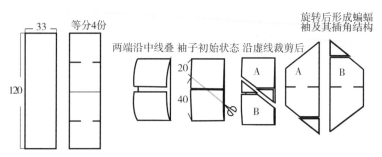

图 7-6 花苗衣蝙蝠袖及其插角结构的"单位互补算法"过程

### 3. 花苗衣蝙蝠袖排料实验的启示

安顺苗族传统制衣对尺寸、比例的考虑都是"以手代尺"，如领口"一指半"、肩宽"两拃"等。掌握比例尺度，对每一个苗女来说都十分重要，也是必需的。一个布幅在她们心目中就是一个最基本的单位，依据幅宽仔细规划用布，尽可能保持布料的完整性，减少对面料的裁断，利用余料拼接装饰，也就形成了苗族自古以来"物以致用"的造物观。

在花苗衣结构复原图的排料实验中发现，标本属于有织有缝的"几何型"[1]。"布幅决定结构形式"主要采用古老的"单位互补算法"。"单位互补算法"这种基于节俭的"规格化"设计方法为服装的反复使用、延长寿命提供了可能。衣身主结构由16片大小不一的靛蓝色碎布拼缀而成，是因为它们大部分被贴饰覆盖了，尽管如此，也没有放弃拼缀对称匠艺的追求，可以说是对边角余料充分利用的实例。当然这不具有排料实验的意义，因此着重对标本袖子部分进行排料分析。从标本袖片和衣片的纱向和宽度中可以推断，面料的幅宽在36cm左右，左右两个袖口的C、D片均为半个幅宽，两个合在一起再加上缝份刚好可以拼成一个整幅面料，这便是"几何级数衰减算法"的结果。袖子两个大的梯形袖片交错排列，腋下的三角插片刚好与梯形袖片剪掉的部分拼合成一段整幅面料，巧妙实现了"单位互补算法"的红利，事实上这已经成为先民节俭动机的文化自觉[2]。古人制衣所遵循的尽用、节用、巧用原则，是从生产力制约因素升华到传统哲学观念的结果，从节俭求生到敬物思想决定了其服装结构的特征。安顺花苗衣衣襟与领口以折叠取代裁断，通过巧妙的折叠缝合，不仅减少了裁缝工序，而且避免余料的产生和浪费，保持了服装的整体性，又提供了可持续的可能性。用折叠取代裁断的方式不仅有效，并且具有很多的优越性。这种"折布成器"在先秦就形成的"节用""慎术"的朴素造物观，在汉之后被强大的封建礼制湮没了，而在今天的西南少数民族中坚守着，花苗衣就是生动的实证（图7-7）。

---

1  几何型：其特征是构成服装剪裁的布片全是标准的几何形，如矩形、三角形。参见1985年贵州《民族志资料汇编·苗族》第五集第428页杨采芳文。
2  陈果：《藏族服饰古法裁剪与结构图考》，博士学位论文，北京服装学院，2017，第197–203页。

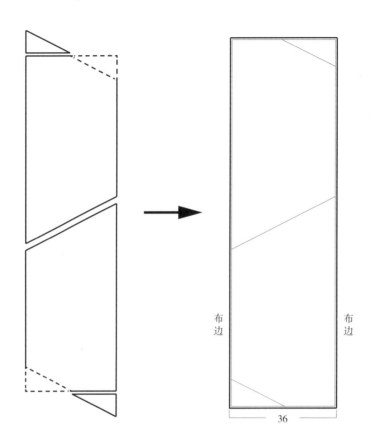

图 7-7 花苗衣蝙蝠袖及其三角插片结构的排料图复原

# 四、结语

从标本的测绘数据和结构图复原分析，花苗衣虽然和其他支系苗族服装都遵循"布幅决定结构形式"的设计原则，但同时发现鹤立于本民族先进而古老的"单位互补算法"更值得深入挖掘。因为这种算法经过研究发现并不是孤例，它不仅在西南少数民族中有发现，在传统藏袍结构中更加普遍。如"深隐式插角结构"[1]就是"三角插片"的深A型，花苗衣结构的"单位互补算法"理论[2]也是由此借鉴而来，甚至可以追溯到汉地上古文献秦简《制衣》篇"交衽"[3]的记载。"单位互补算法"在花苗衣中也是基于节俭的"规格化"设计方法，为服装的反复使用、延长寿命提供了条件。蝙蝠袖两大梯形袖片及其两个三角插片，奇妙地拼合成一幅完整的布料，由此可见这种节俭动机已经成为文化自觉。而它在中国服装历史的长河中早就出现过，今天在花苗衣中被解读，不禁要问，它是汉苗文化的交流、继承还是遗存？但无论如何它在中华服饰结构谱系中添加了精彩的一笔。

---

1 刘瑞璞、陈果、王丽琄：《藏族服饰研究》，东华大学出版社，2017，第363页。

2 刘瑞璞、陈果、王丽琄：《藏族服饰研究》，东华大学出版社，2017，第384页。

3 交衽，在"北大秦简"《制衣》篇中有"交衽"的记载。经过释读，它类似于榫卯结构，而在对衣料的剪裁中，是为了最大限度地利用布料，在一个布幅有限单元之内通过互补切割完成衣服的剪裁，实现布料无消耗。这也在藏袍结构研究中被发现，并被命名为"单位互补算法"。

# 五、本章标本信息图录

**黑石头寨对襟衣标本信息图录**

### 基本信息

时间：民国

产地：贵州安顺

形制：一字领对襟短衣

来源：私人收藏

正视

背视

正视，以肩线为中心胸背和袖饰均为跨越式，腰饰用碎布拼接

一字领襟缘等长绣满星象几何纹

前襟下摆打开没有衬里，线迹为外饰缝缀显露

左摆掀开与侧衩设计为交襟穿法提供条件

下摆采用绲条工艺

正视右袖饰为贴绣，肩部白色贴布示教俗密符

正视左袖饰与右袖对称，仅左袖有腋下三角插片

背视以跨越背饰为主体

背视袖饰跨越前后，肩线中心有"太阳"纹且左右袖对称

跨越前后的胸背饰共有九个太阳纹

背视星象纹细节

# 第八章

# 结　论

苗族是一个古老的民族，苗族服饰是"穿"在身上的"史书"，而在我国少数民族中苗族服装结构隐藏着更深层次的文化信息。本书是基于标本的苗族服饰结构研究取得的一手材料的学术成果，所有采集的实物标本均来源于贵州凯里"张系藏本"私人博物馆馆藏珍品和多次去贵州实地考察获取的苗族服饰样本。据统计，仅"张系藏本"累计采集标本共计39件，其中苗族30件，占比77%；侗族4件，约占10%；彝族2件，约占5%；布依族3件，约占8%。把现有苗族标本按区域及方言区可划分为4型10式，10式涵盖了苗族所有的服装类型（贯首衣、对襟衣、大襟衣）。4型即湘西型、黔东型、黔中南型、川黔滇型，10式即松桃式、西江式、台拱式、施洞式、舟溪式、八寨式、丹都式、雅灰式、油岜式、黑石头寨式。所获取的样本虽然不能涵盖所有的苗族服饰，但通过对具有代表性的10种苗族服饰结构的系统研究和整理，基本上可以总结和勾勒出苗族服饰结构的图谱及其特征。

　　通过对标本的测绘、复原结构的信息研究分析发现：无论是按地区还是按样式分类情况，标本都贯穿着以前后身中心线为纵轴，以肩袖线为横轴，前后片为整幅布连裁的十字型平面结构。无疑这与"十字型平面结构"的中华系统具有结构上的统一性和趋同性，无论是哪种形制的标本，实际上都是十字型平面结构的变体。并且这些所有的服装形制都无一例外地遵循"整裁整用""几何级数衰减算法"和"单位互补算法"的节俭造物法则，这种"人以物为尺度"的生动实证，可以说是对中华天人合一、俭以养德传统哲学的苗族版诠释。

# 一、中华服饰结构体系"一体多元"的实证

仅"张系藏本"的收藏品，根据古代文献记载，符合苗族贯首衣特点的就有11种，约占6%；对襟衣105种，约占62%；大襟衣57种，约占32%。从标本的测绘数据和结构图复原分析，贯首衣表现出苗族原始阶段有织无缝的"织造型"；松桃红苗大襟右衽衣有明显苗汉文化融合的痕迹，具有苗族服饰发展高级阶段的"裁剪型"；其他各支系服装基本处于服装发展的过渡阶段，表现为"缝合型"和"拼合型"的综合特征。但不管哪个时期哪种形制，尽管每一个支系的服饰风格都是独一无二的，如果从结构上进行深入分析，它们都保持着"十字型平面结构"的中华系统，始终恪守着通袖线（水平）和前后中心线（竖直）为十字坐标的中华"准绳"[1]哲学。无疑它们具有中华民族未曾中断文明基因的共同体，由此在服饰交融中形成了中华传统服饰"十字型平面结构系统"一体多元的面貌。苗族服饰研究的实证，使其成为中华民族服饰结构谱系中不可或缺的组成部分。

---

1 "准绳"，是中华古老礼制概念，影响深远而成为民族认同的中华基因，服饰是其集中表现的载体。《史记·夏本纪》载，禹在位时"陆行乘车，水行乘船，泥行乘橇，山行乘檋。左准绳，右规矩，载四时，以开九州，通九道，陂九泽，度九山"。可见"准绳规矩"是开国治国之制。《礼记·深衣》："古者深衣，盖有制度，以应规、矩、绳、权、衡。……袂圜以应规；曲袷如矩以应方；负绳及踝以应直；下齐如权衡以应平。故规者，行举手以为容；负绳抱方者，以直其政，方其义也。"

# 二、对襟交领衽式的中华基因

交领衽式是中华传统服饰最典型的形制，历史悠久。从夏商时期的上衣下裳，到后代的深衣、襦裙、袍服等，事实上从战国以后古典华服出现对襟、大襟都是从交领演变而来，交领衽式是中国传统服饰的根本形制之一。时至今日，在汉族中几乎绝迹的交领衽式形制的十字型平面结构却在大山深处的少数民族中被传承下来。从苗族服饰结构的系统研究看，不难发现隐秘着中华服饰古老的信息。标本静止状态下皆为对襟，领襟呈一字型，领子展开后结构为一字长方形，成型后领座表现出独特的三角形领子造型，穿着时形成右衽交襟，类似于中华传统的右衽交领，这种造型是中华古老服饰结构的"活化石"。苗族领子与现代衣领的立体结构不同，它属于相对简单的平面结构（长方形），并没有把平面的服装材料制成空间曲面的立体，所以在制作的过程中常常喜欢在长方形的领缘上锦绣缘饰。一方面是宽阔的领缘适合装饰，另一方面是千百年来苗族妇女一直把装饰部位放在领和袖上，起到提纲挈领的作用以明示氏族归属。苗族这一类型服装沿袭了北方古老交领右衽形制的十字型平面结构，从大中华的文化背景下考察个体的基因发现，这种结构传承沿用了我国古老且历代相承的上衣下裳分属制的结构，是南北方同宗同源促成的中华服饰文明古老的文化符号。

# 三、苗衣古法裁剪的造物智慧

苗族的平面结构服装与中华传统服装的"十字型平面结构"一脉相承，可以铺在水平的表面上，但是却因其与人体之间的"矛盾"和着力点的变化，所造成的倾斜产生了着装后的立体效果，促成了服装的平面性结构向立体的转化，表达了东方服装由静态到动态的着装审美特点。如标本中直领对襟装的西江式、台拱式、施洞式、舟溪式、八寨式、黑石头寨式都因穿着支点的原因和对襟互相交叠的穿法，使整个衣服前身被脖颈牵引连同肩袖向后移动，侧缝线也随之向后移动形成服装的立体感。这就是苗衣为什么普遍存在前长后短的原因。

苗衣中巧妙的拼接方式并非出于单纯的"节俭"动机，而是与功能意识有机结合，产生无意中的立体造型。我国民族服装虽然都是十字形平面结构的变体，但它善于利用身与袖的宽窄比例、穿着方式、裁片与人体的矛盾性、拼接方式和工艺处理等手段，使得服装呈现千变万化的造型。苗族服装表现得更加突出。在研究中发现，苗族服装标本中有很多巧妙的拼接方式，将平面的服装结构向立体进行了延伸。例如第三章松桃式杆栏裤结构采用"太极式"平面剪裁，即前左腿取整转向后腿用一个布幅裁剪，后右腿取整转向前腿用一个布幅裁剪，左右腿亏片余布补齐。这种结构的最大特点是没有侧缝，一切裁片都在一个布幅内完成，借助扭转借量这一特殊的结构，使得服装不仅舒服适体而且实现了裤的结构由平面向立体的转化。事实上这是"单位互补算法"的灵活运用，"太极式"的灵魂亦在于此。安顺黑石头寨花苗衣蝙蝠袖结构采用"单位互补算法"保有先秦正裁袍衣（湖北江陵马山一号楚墓禅衣）的古风。利用"单位互补算法"的方式让袖窿肥大，袖口窄小，同时保持"三角插片"结构存在，使"蝙蝠袖"呈现良好的功能和立体效果。丹寨白领苗斜襟左衽衣巧妙地利用"斜边直裁"和中缝"缝而不破"方法，使衣身形制出现独特的连裁斜襟和"摆片插角"的现象。由于在平面裁剪方法中，着装支点的变化和古法裁剪促成了服装的结构由平面结构向立体造型表现的转化，反映了苗服并不仅仅是传统意义上的平面化思维，更重要的是平面结构可以更好地和更充分地利用材料，通过充满智慧的剪裁实现立体造型的转化。以服装之间的各种组合、穿着方式和以平面古法裁剪所导致的服装与人体之间的矛盾空间，在动态的人体上构建立体的表达。这些独特的服装结构与善待布料的剪裁方法很好地诠释了天人合一的中华哲学与造物智慧。

# 四、从"整裁整用"到"人以物为尺度"的节俭法则

按照儒家理论，服装的形制要符合中国的礼制规定。苗族使用的纺织品与汉族一样大多为棉、麻类织物（高级的是丝），无论运用何种材料，从"善用"的物理性能看更适合"整裁整用"的直线裁剪，也就决定了服装平面化造型的特点，这在早期的服装形制中被确立下来。直线结构也就构成了中国传统服饰制度的基本要素。它的特征最主要的是，衣服成品可以平展平铺，所谓"制度的基本要素"就是"整裁整用"可以有效保持面料的完整性，且结构简单，以更大的空间提供给纹饰去书写和明示这些制度，这就是中华丝绸文明不同于西方羊毛文明的地方。通常情况下早期的文明，纹饰的书写性大于明示性，苗族服饰属于此类，是因为它是遗存的早期文明。从标本测绘与结构图复原可以看出，裁片全部运用直线裁剪，充分体现了衣料"整裁整用"的特征，也就为苗衣大面积的贴饰、缘饰和各种刺绣工艺提供了书写族属文化和历史的用武之地。

就结构而言，"整裁整用"是基于节俭（善用）的动机，这是关乎族群的生存而总结出的各种充满智慧的方法。例如苗族古老的贯首衣，衣领仅为一条直线破缝；台拱式、施洞式、舟溪式、八寨式、黑石头寨式，其领围线也是完全的矩形；安顺黑石头寨式花苗衣蝙蝠袖结构的"单位互补算法"成为苗族智慧节俭的经典案例；西江式在裁剪分割时按照整幅布料等比剪裁，衣身用两幅，接袖四块面布使用一个幅宽，袖口各为半个幅宽，出现"四拼一""二拼一"的几何级数衰减算法。在研究中发现，包括衣襟、袖口、贴边等一件衣服的裁片几乎都是通过几何级数衰减算法得到的，这在苗衣中并不鲜见。因为"整裁整用"可以将服装与人体之间具有的矛盾空间，在一定程度上由于忽略了人体的复杂性而清除，同时也适合于不同体态的人和个体不同的习惯行动，这就是"人以物为尺度"的"善物"伦理。

"整裁整用"直线裁剪在物质贫乏的古代是具有很多优越性的。首先，在直线裁剪方法的运用中，面料被尽可能百分之一百地利用，尽量避免因斜线和曲线的裁剪而去除多余的面料，以达到最大限度地节省面料。其次，利用布边进行缝合增强了服装的牢固度。再者，直线裁剪降低了服装制作的难

度和成本。纵观中国传统的民族服装，都有服装形制轻裁剪重装饰的特点。服装制作的功夫将重点用在了织、染、绣等技艺上，而在服装的裁剪方面带有含蓄的特征。这种不凸显服装裁剪功力的方式，并不是无所作为，而是以简求用（很像书法的简笔字比繁笔字更需要用工的道理），以使得服装保持整体形态与其上的装饰所产生的意义与美感凸现出来，苗族服饰尤为如此。

在对苗族服饰标本进行研究时，发现大多属于发展中（贯首衣和完全汉化之间的服饰形态）有织有缝的"缝合型"，但结构上仍属于古老的"贯首衣"类型，"布幅决定结构形式"[1]与汉族不同，设计主要采用"规格化"的"整裁整用"方法。"规格化"形成的规整矩形，是通过"几何级数衰减算法"和"单位互补算法"实现的，常常两两相对，可以任意调换而不影响缝制，这种基于节俭的"规格化"设计方法为它们的反复使用、延长寿命提供了条件。"整裁整用"是基于"人以物为尺度"的原则：服装的结构不以人的构造大小而设计，而是以布幅的宽窄去"适应"。在有限的幅宽上，服装结构呈现与最大限度地使用布料的幅宽密不可分。这种"人以物为尺度"的思想与中华民族"天人合一"的"敬物尚俭"传统不谋而合，而成为中华民族"俭以养德"的文化传统。因此"俭"的道德标准远超出了"善用"范围。

无疑这种"整裁整用"由节俭动机而生，但它给我们现代人的启示远非如此。这种"人以物为尺度"催生的"几何级数衰减算法""单位互补算法"的人文智慧，是我们在物质极大丰富、文明高度发达的今天仍需要不断汲取的。因为人类只有一个地球，地球上的资源总有一天会被耗竭，"敬物"会使这种耗竭减缓。

---

1 布幅决定结构形式，是中华传统服饰结构的基本形态，它是以布幅宽度为前提去经营裁片的大小、位置和形状。但是不同民族有不同的处置方法。如汉族衣身结构通常用两幅拼接，故也就形成了中缝和袖中接缝的汉制结构。而西南民族多用独幅取身，也就形成了独身和独袖的拼接形式，在古代西域民族和藏族传统藏袍也是如此。这也是中华一体多元文化特质的生动实证。

# 参考文献

[1] 周梦. 黔东南苗族侗族女性服饰文化比较研究[M]. 北京：中国社会科学出版社，2011.

[2] 刑莉. 中国少数民族服饰[M]. 北京：五洲传播出版社，2008.

[3] 杨正文. 苗族服饰文化[M]. 贵阳：贵州民族出版社，1998.

[4] 席克定. 苗族妇女服装研究[M]. 贵阳：贵州民族出版社，2005.

[5] 吴仕忠. 中国苗族服饰图志[M]. 贵阳：贵州人民出版社，2000.

[6] 李进增. 霓裳银装[M]. 北京：文物出版社，2012.

[7] 黎焰. 苗族女装结构[M]. 昆明：云南大学出版社，2006.

[8] 宋兆霖. 银灿黔彩：贵州少数民族服饰[M]. 北京：故宫出版社，2015.

[9] 刘瑞璞，何鑫. 中华民族服饰结构图考（少数民族编）[M]. 北京：中国纺织出版社，2013.

[10] 刘瑞璞，陈静洁. 中华民族服饰结构图考（汉族编）[M]. 北京：中国纺织出版社，2013.

[11] 民族文化宫. 中国苗族服饰[M]. 北京：民族出版社，1985.

[12] 刘瑞璞，邵新艳，马玲，等. 古典华服结构研究：清末民初典型袍服结构考据[M]. 北京：光明日报出版社，2009.

[13] 杨正文. 鸟纹羽衣[M]. 成都：四川人民出版社，2003.

[14] 杨庭硕，潘盛之. 百苗图抄本汇编[M]. 贵阳：贵州人民出版社，2004.

[15] 鸟丸知子. 一针一线[M]. 北京：中国纺织出版社，2011.

[16] 杨昌鸟国. 苗族服饰[M]. 贵阳：贵州人民出版社，1997.

[17] 石朝江. 世界苗族迁徙史[M]. 贵阳：贵州人民出版社，2006.

[18] 贵州省编辑组. 苗族社会历史调查（一）[M]. 贵阳：贵州民族出版社，1987.

[19] 贵州省编辑组. 苗族社会历史调查（二）[M]. 贵阳：贵州民族出版社，1987.

[20] 贵州省编辑组. 苗族社会历史调查（三）[M]. 贵阳：贵州民族出版社，1987.

[21] 魏莉. 少数民族女装工艺[M]. 北京：中央民族大学出版社，2014.

[22] 罗连祥. 贵州苗族礼仪文化研究 [M]. 北京：中国书籍出版社，2014.

[23] 石莉芸，李云兵. 走进中国少数民族丛书•苗族[M]. 沈阳：辽宁民族出版社，2014.

[24] 安丽哲. 符号•性别•遗产——苗族服饰的艺术人类学研究 [M]. 北京：知识产权出版社，2010.

[25] 何圣伦. 苗族审美意识研究 [M]. 北京：人民出版社，2016.

[26] 王慧琴. 苗族女性文化 [M]. 北京：北京大学出版社，1995.

[27] 李廷贵. 雷公山上的苗家 [M]. 贵阳：贵州民族出版社，1991.

[28] 李国章. 雷公山苗族传统文化 [M]. 贵阳：贵州民族出版社，2006.

[29] 吴述明，谭善祥. 苗学研究文学 [M]. 香港：华夏文化艺术出版社，2003.

[30] 吴安丽. 黔东南苗族侗族服饰及蜡染艺术 [M]. 成都：电子科技大学出版社，2009.

[31] 过竹. 中国苗族文化 [M]. 南宁：广西民族出版社，1994.

[32] 辅仁大学绣品服装研究所. 苗族纹饰 [M]. 台北：辅仁大学出版社，1993.

[33] 杨昌儒，高冰. 百苗图 [M].贵阳：贵州大学出版社，2014.

[34] 阿城. 洛书河图：文明的造型探源 [M]. 北京：中华书局，2014.

[35] 吴一文，熊克武. 苗族姊妹节 [M]. 合肥：安徽人民出版社，2014.

[36] 曾宪阳，曾丽. 苗绣 [M]. 贵阳：贵州人民出版社，2009.

[37] 沈从文. 中国古代服饰研究 [M]. 上海：上海书店出版社，2002.

[38] 刘锋. 百苗图疏证[M]. 北京：民族出版社，2004 .

[39] 华梅. 中国服装史 [M]. 天津：天津人民美术出版社，1999.

[40] 李泽厚.美 学三书 [M]. 合肥：安徽文艺出版社，1999.

[41] 刘瑞璞. 服装纸样设计原理与应用（女装篇）[M]. 北京：中国纺织出版社，2008.

[42] 周莹. 中国少数民族服饰手工艺 [M]. 北京：中国纺织出版社，2014.

[43] 伍新福，龙伯亚. 苗族史[M]. 成都：四川民族出版社，1992.

[44] 王鸣. 中国服装史[M]. 上海：上海科学技术文献出版社，2015.

[45] (东汉)班固. 汉书•地理志（上）[M]. 郑州：中州古籍出版社，1996.

[46] 陈戍国点校. 四书五经[M]. 长沙：岳麓书社，1990.

[47] (宋)朱辅. 溪蛮丛笑•说郛本第六十七[M]. 清顺治四年刻本，贵阳：贵州省图书馆藏.

[48] (五代)刘昫. 旧唐书(卷197)[M]. 清乾隆武英殿刻本.

[49] (宋)欧阳修，宋祁. 新唐书(卷222)[M]. 清乾隆武英殿刻本.

[50] 周锡保. 中国古代服饰史[M]. 北京：中国戏剧出版社，1986.

[51] 张春娥，陈建辉. 贵州省台江县苗族破线绣服装分析[J]. 丝绸，2017(6)：68-72.

[52] 张春娥，陈建辉，周莉. 贵州施洞苗族服饰纹样的装饰艺术[J]. 毛纺科技，2018(8)：44-48.

[53] 陈默涵，李佳成. 苗族服饰图案的装饰艺术特征初探[J]. 大众文艺，2011(1)：76-87.

[54] 席克定. 试论苗族妇女服装的类型、演化和时代[J]. 贵州民族研究，2000(2)：69-77.

[55] 席克定. 再论苗族妇女服装的类型、演化和时代[J]. 贵州民族研究，2001(3)：57-65.

[56] 吴平，杨竑. 贵州苗族刺绣文化内涵及技艺初探[J]. 贵州民族学院学报(哲学社会科学版)，2006(3)：118-124.

[57]黄竹兰，王蕾. 贵州苗族服装的多元文化性探究——以黔东南舟溪苗族服装构成为例[J]. 贵阳学院学报（社会科

学版），2018(6)：71-74.

[58] 廖晨晨. "卉服鸟章" ——苗族蚕片绣百鸟衣装饰研究[J]. 装饰，2018(12)：120-123.

[59] 杨正文. 鼓藏节仪式与苗族社会组织[J]. 西南民族学院学报(哲学社会科学版)，2000(5)：13-26.

[60] 刘蕙子，陈珊珊. 黔东南苗族百褶裙的美学价值和文化内涵[J]. 中华文化论坛，2016(8)：137-140.

[60] 樊苗苗. 民族服饰袖裆结构类型和文化探析[J]. 丝绸，2019(1)：84-90.

[62] 杨东升. 关于苗族女服的形成、演化及时限问题——与席克定先生商榷[J]. 西南民族大学学报(人文社会科学版)，2010(8)：57-60.

[63] 陈果. 毪氇藏袍结构的形制与节俭计算[J]. 纺织学报，2016(5)：127-130.

[64] 刘琦. 丹寨苗族的窝妥纹[J]. 饰，2006(1)：31-32.

[65] 丁朝北，丁文涛. 丹寨苗族衣袖上的"窝妥纹"[J]. 装饰，2003(9)：41-42.

[66] 杨路勤. 丹寨苗族蜡染纹样的文化内涵[J]. 凯里学院学报，2015(4)：15-17.

[67] HOSTETLER L. Chinese Ethnography in Eighteenth Century: Miao Albums of Guizhou Province Thesis [D]. Philadelphia: University of Pennsylvania, 1995.

[68] DEAL D M, HOSTETLER L. The Art of Ethnography [M]. Washington: University of Washington Press, 2006.

# 后记

　　像故宫博物院这样国家级的馆藏，有大量的民族文物收藏，特别是西南少数民族的遗存更是海量且成系统。而它们的命运，按故宫专家的说法，我们根本就顾不上它们，甚至连碰它们都是浪费时间，因为就是主流文物要想整理一遍，应该需要几代人，如果研究就要选择最有价值和最需要研究的文物。官方的专题博物馆也不乐观，像地方的民族博物馆、大学的民族专题博物馆、民族服饰博物馆等，都有一定量的藏品，但不可能配备相应的管理者和研究者（藏品与研究人员、研究能力严重不对称），因此博物馆借助社会力量研究和管理，既是通行的国际惯例也是个有效服务社会的方法。国际上的发达博物馆深知这种政策的利好，一方面有利于本国传统文化在人类文化中的传播，另一方面有助于提升本馆的学术高度和社会地位。2012年我以教授的身份访问了奥地利国家博物馆，他们没有任何顾忌带我们去了郊外的文物库房，通过足足有三道门锁和进库手续才进入，可以说它是最先进的文博库房。无论对什么文物只要提出要求尽可满足，甚至还接触到茜茜公主的黑色晚装连身裙。我带着在文博界从未被这样礼遇的问题问为什么？管理员说，我们希望社会的专家学者研究我们的藏品，特别是不同文化背景的，因为只有这样才能做到我们想做而不能做到的事情。然而国内的情况是博物馆标本的研究相对滞后，这相反促使盛世收藏的民间研究的繁荣。特别值得注意的是，少数民族文物在民间收藏的品质不亚于博物馆，甚至大部分博物馆够品阶的藏品都征集于民间。《苗族服饰结构研究》就得益于它们。

　　传统服饰结构的研究是一定要有实物标本的，无论是古代服饰还是遗存的民族服饰。中国传统服饰的文史研究，结构研究几乎成了瓶颈。一旦有了标本，历史上的公案就有可能落槌，同时也一定会有所发现……因此，"苗族服饰结构研究"并不是既定的研究课题，而是机缘巧合。2013年，得到了几十件（套）较完整的苗族服饰"张系藏本"。"张系藏本"就是张红宇苗族服饰系统藏本。张红宇并不陌生，她在苗族服饰收藏圈里也小有名气，不仅很多大藏家从她手里得到心仪的收藏，还有一些主流的专题博物馆从她手里得到镇馆之宝也不是稀罕事。最值得研究的是，在文化学者阿城所著《洛书河图》中所收录的大量苗族服饰和绣片样本也都来自张红宇的收藏。欣慰的是，张红宇并不是只顾买卖苗族旧物的商人，收藏者何海燕记录这样一段故事：

"1996年我收藏了一件她家传的精美绣衣。……是她外婆传给她妈妈的一件施洞衣。穿最精美的盛装入土见祖宗是苗族人的习俗，这件衣服是她妈妈准备老去时穿的衣服。后来得知，从她那里收藏的就是这一件。一次张红宇的妈妈要看看这件衣服，她便要向我借，让我深感歉疚的是她妈妈还不知道她不能穿这件衣服见祖宗了。"后来张红宇发誓等她有了更多的钱时再把卖出去的衣服收购回来，创建一个苗族服饰博物馆（阿城《洛书河图》附录收藏者言）。

"张系藏本"就这样成了我们的研究对象，我做为詹昕怡的研究生导师，以此作了两年的研究计划。由于标本在手，机会不能错过。这些实物不仅涵盖了苗族的主要支系，还得到了相关专家的鉴定，以清朝到民国的标本为主，即便新品也是足以保持古法的样本，其贯首衣、交襟衣、牯藏衣为主的结构形制就说明了这一点，还有被汉化的右衽大襟衣也是保持近古苗地"改土归流"后形成的古制。用了一年多的时间，通过信息采集、测绘和结构图复原，几乎还原了传统苗族服饰结构的谱系，这本身不仅具有苗学有关服饰义化的结构文献价值，又为苗族重要的志书文献，《百苗图》各种抄本，康熙《贵州通志》记载的贯首衣、合襟衣（交襟衣），乾隆《贵州通志》记载的"穿斑衣"（指五彩斑斓的衣服，但并没有解读纹必有意与结构的关系）等提供了实物结构依据。这是一个研究基础，还有待于对苗衣的纹饰系统与结构关系做进一步的深入研究，本书序"图符的结构"不过是这种庞大工程的探囊取物而已。但无论如何，这些成果都源自"张系藏本"的枝枝叶叶。

谨此献给张红宇女士。

2020年2月8日

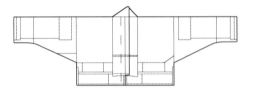